史上最简单的地瓜减肥法

李鸿奇 著

亚洲销量第一的
减肥奇书！

中国传媒大学出版社

图书在版编目（CIP）数据

史上最简单的地瓜减肥法／李鸿奇著．—北京：中国传媒大学出版社，2011.1

ISBN 978-7-5657-0089-7

Ⅰ．①史… Ⅱ．①李… Ⅲ．①甘薯—减肥—食谱 Ⅳ．①TS972.161

中国版本图书馆CIP数据核字（2010）第210447号

史上最简单的地瓜减肥法

著　　者　李鸿奇
责任编辑　欧丽娜
责任印制　曹　辉
封面设计　耿兆丰
出 版 人　蔡　翔

出版发行　中国传媒大学出版社（原北京广播学院出版社）
　　　　　地址：北京市朝阳区定福庄东街1号　邮编：100024
　　　　　电话：86-10-65450532 65450528　传真：65779405
　　　　　http://www.cucp.com.cn
经　　销　全国新华书店

印　　刷　北京旺银永泰印刷有限公司
开　　本　787×1092mm　1/32　印张/4
版　　次　2011年1月第1版　2011年1月第1次印刷
书　　号　ISBN 978-7-5657-0089-7/TS·0089　定　价：16.00元

本书中所提供的资讯与方法并非要取代正规的医疗程序，因个人体质、年龄、性别、病史等各不相同，若您有任何身体上的不适，我们建议您应先请教专业的医护人员。

前 言

地瓜的原产地为中南美洲，大约在16世纪时从欧洲传入亚洲各地。此后，亚洲一些较贫穷的地区就以地瓜为主食，以此来代替米饭或馒头。

许多经历过大约半世纪以前的贫困年代的人，由于吃怕了地瓜干、地瓜条，所以很不喜欢再吃它。事实上，地瓜不但营养丰富、味道甜美，吃了也很容易有饱足感，并且对养生很有帮助。

从营养学的角度来看，地瓜堪称完美食物，它的维生素C的含量约为苹果的10倍，而且加热后所含有的淀粉会糊化，生出一层外膜，因此所含的维生素C不会被破坏，几乎可以完整地保存下来。

地瓜所含有的维生素E是糙米的两倍，土豆的10倍，对于消除疲劳、预防便秘及强化肠胃机能都很有功效。另外，地瓜还含有很丰富的钾，是预防成人病不可或缺的成分。

黄色的地瓜含有较多的 β－胡萝卜素，有利于预防癌症。切开生地瓜时可以看见有白色的汁液流出，那是一种黏液蛋白，具有降低胆固醇、血糖、血脂和减少皮下脂肪的功效，因此地瓜可以说是一种纯天然的减肥食品。

根据实证，人们只要每天吃地瓜、南瓜、胡萝卜总计 100 克，比起完全不吃的人来，患肺癌的几率将减少一半。另外，地瓜能够提高消化系统的功能，并增强体力，因此，人在食欲不振、气力衰弱时也很适合吃地瓜。

地瓜经过烧烤后，里面所含有的成分会浓缩，功效因而倍增。尤其是整个地瓜连皮烤，所保留的营养成分是最完整的，如果要切块，最好是在烤熟或蒸熟以后再切。如果采取煮的方式，可以在水中加入一片姜，这样可以促进体内净化的进程，快速恢复体力。如果想煮成甜食，可在离火之前加一些肉桂粉。另外，加入柠檬则口味更佳。

地瓜虽然一年四季都能买到，但是以 1 ～ 3 月的地瓜味道最为可口。地瓜忌低温，不宜在 13° 以下的地方保存。如果食用已长出黑色斑点的地瓜，可能会导致中毒。

本书将地瓜中所含有的成分做了科学分析，并告诉读者地瓜能帮助我们消除疾病，保养身体，如果应用得当，甚至可以帮助我们快速减轻体重，同时兼顾健康。

目　录

前言 3

第一章　地瓜可以这样吃 11

地瓜的营养成分 12

地瓜的基本吃法 13

地瓜 Q&A 16

地瓜的其他吃法 19

◆地瓜红豆饭 19

◆地瓜烤奶酪 20

◆地瓜牛蒡 21

◆地瓜沙拉 22

◆地瓜牛奶 23

◆咸肉炒紫地瓜 23

◆蜂蜜柠檬地瓜汁 24
◆地瓜糯米糕 25
◆地瓜苹果汁 26
◆地瓜炒胡萝卜 26
◆地瓜酸奶沙拉 27
◆酱地瓜胡萝卜 28
◆地瓜炒毛豆 29
◆地瓜炒饭 30
◆地瓜炒青椒 31
◆地瓜煮虾 31
◆糖醋白地瓜 32

第二章 吃地瓜减肥成功的案例 35

案例 1 3 个月减掉 8 公斤，血糖值降低 36
案例 2 要想不复胖，每半年来一次 39
案例 3 两个月减轻 7 公斤,不再便秘,皮肤也变好 41
案例 4 瘦成瓜子脸，梦想做明星 44
案例 5 终于可以买现成的西装了 47
案例 6 瘦了一大圈，不再被人取笑 50
案例 7 能够穿窄管的裤子了 54
案例 8 肥仔变身充满自信的阳光男孩 55
案例 9 地瓜免除我失业的恐惧 59

案例 10　不但减轻了体重也增强了记忆力 63

第三章　地瓜能够治疗的疾病 69

健胃整肠 70
使血液循环变好 71
消除腰痛并增强内脏功能 72
提高白细胞的杀菌作用 73
消除支气管内的细菌 74
促进细胞新陈代谢 75
降低血糖与血压 75
降低尿酸，改善痛风症状 77
提高肝功能 78
最好的抗氧化食物 79
顾肠胃，青春养颜 80
对男性泌尿疾病有帮助 82
对妇科病也有帮助 83
降低药物副作用 83
对痔疮有效 84
强化细胞与细胞的结合 84
排出体内的老旧废物 85

第四章 吃地瓜改善疾病的实例 87

案例 1 原因不明的血肿消失，血糖值降低 88

案例 2 减轻了白血病药物的强烈副作用 90

案例 3 免除了化疗常见的掉发和呕吐的折磨 94

案例 4 血管性紫斑病大大改善，腹痛消失了 95

案例 5 肝功能大好，酒后不再头昏脑涨 98

案例 6 大幅改善夜盲症，视力也增强 100

案例 7 改善了前列腺肥大，胃溃疡不治而愈 103

案例 8 中性脂肪降低，尿频获得改善 105

案例 9 减轻风湿病，心情变愉快 108

案例 10 治好胃溃疡，痔疮不再出血 111

案例 11 结缔组织病减轻，免除开刀 114

案例 12 不再受腰痛折磨，头皮屑没有了 117

案例 13 牙龈不再出血，下体不再发痒 120

案例 14 肛门不再出血，肝脏也变好 122

案例 15 子宫瘤由大变小，膝盖不痛了 125

第一章

地瓜可以这样吃

地瓜在我们的生活中已是处处可见的食材，它从过去扮演填饱肚子的悲情角色，翻身成为养生保健的热门选择。

时至今日，几乎所有的人都知道吃地瓜对健康很有帮助，但是它到底含有什么营养成分，大多数人就所知有限了。以下先来介绍一下地瓜所含有的各种营养成分，希望能够帮助您下定决心开始吃地瓜。

地瓜的营养成分

（每100克）

水分：68.2克　　蛋白质：1.2克

脂肪：0.2克　　碳水化合物：28.7克

纤维：0.7克　　灰分：1克

钙：32 克　　磷：44 毫克

铁：0.5 毫克　　钠：13 毫克

钾：460 毫克　　维生素 A：10 微克

维生素 B_1：0.1 毫克　　维生素 B_2：0.8 毫克

维生素 C：30 毫克　　消化性多糖类：2.41 克

木质素：5.09 克　　丙种纤维素：19.27 克

半纤维素：5.65 克

除此之外，地瓜还含有维生素 P 与维生素 K。吃地瓜既可以减肥，又可以改善很多疾病，以下将逐一说明。

地瓜的基本吃法

地瓜含有多种维生素，其中维生素 C 的含量尤其丰富，甚至多过橘子，而且它的维生素 C 很稳定，即使加热也不会减少。吃烤地瓜能够使皮肤变美丽，就是维生素 C 发挥作用的缘故。地瓜中维生素 A 的含量也很多，它能使皮肤润泽有弹性，减少皱纹，还能使血液循环畅通，抗老化。

烤过的地瓜趁热吃的话，味道比糖炒栗子更为可口，但有人以为它的热量很高，吃了容易发胖。事实上正好相反。

地瓜虽然是一种淀粉类物质，但是它所含有的卡路里要比想象中的低很多，而且又含有丰富的维生素、矿物质和膳食纤维，可说是一种很理想的减肥食品。

不过有些人吃了烤地瓜以后，胃部会感到焦闷。为防止出现这种现象，不妨同时喝一些牛奶，或是把牛奶和捣成泥的烤熟地瓜搅拌均匀后一起吃。烤地瓜搭配牛奶一起食用，正好可以补充地瓜中所缺乏的动物性蛋白质，从营养学的观点来看，这是一种很完美的营养食品，同时在味觉上也是一种享受。另外，地瓜里的膳食纤维和牛奶都会使人有饱足感，用来减肥可以避免因为饥饿而乱吃东西。

烤地瓜之所以好吃，是因为地瓜里的淀粉加热后会变成糖，吃起来甜甜的，但它和一般的甜食又是不一样的。同时，它还含有很多膳食纤维，能分解体内油脂，促进排泄。

地瓜最基本的吃法就是烤着吃，您需要准备的器材是烤箱或烤炉。首先，将地瓜洗净，不必刮掉外皮，擦干之后，放入炉中烤。烤的过程中，翻动几次，使它能够全部熟透。大约三十分钟后，试着用筷子戳戳地瓜，如果可以轻易插入，就表示已经烤好了。

您可以单独吃烤地瓜（剥皮或不剥皮都可以），也可以搭配牛奶一起食用，只要将烤地瓜捣成泥，与牛奶混合后搅拌成糊状即可。如果目的是减肥，可用地瓜牛奶糊取代三餐中的任意一餐，并且这一餐不再吃其他任何食物。

如果对牛奶过敏或是不喜欢喝牛奶，可以改用下面的方法：将烤地瓜捣成泥后加入一勺黄豆粉，搅拌均匀后食用；也可以将烤地瓜加上黑醋一起吃，不过这种吃法每天只能吃一次，而且只适合肠胃健康但下腹部脂肪多的人。

地瓜 Q&A

Q：烤地瓜时用哪一种地瓜比较好呢？

A：任何一种地瓜都可以。在各种地瓜中，以红色地瓜含有的胡萝卜素最高，也就是所含的维生素较多，更有利于强化皮肤黏膜组织，提高皮肤的润泽度。白地瓜中含有最多的钾和钙、镁、锌、磷，是人体细胞新陈代谢、活化脏器不可或缺的物质，以及具有造血作用的维生素 B_{12}、使细胞延缓老化并提高血管弹性的维生素E、提高肝功能的维生素K等等。综合以上，既然地瓜能提高人体的很多机能，自然能够加速脂肪的燃烧，当然就有助于减肥了。

Q：市面上出售的紫地瓜也能够用来减肥吗？

A：自由基会使我们的身体因“生锈”而老化，而抗氧化物质的功用就在于消除自由基。就像坚硬的铁也会因生锈而变得脆弱一样，我们体内的细胞“生锈”以后，也会变得不堪一击，如此一来，血管壁就会受伤而引起动脉硬化，甚至引发癌症。

近些年来，社会上掀起了一股喝红葡萄酒的旋风，因为它对增进健康很有帮助。红葡萄酒之所以对身体有益处，主要是因为它含有一种叫“多酚”的抗氧化物质，也就是可以消除自由基的物质。紫地瓜就含有大量的多酚，能够防止上述心血管疾病的发生。

此外，多酚中含有一种被称为“花色甙”的紫红色素，经过研究证实，花色甙对增进视力很有帮助，而紫地瓜恰恰也含有很丰富的花色甙，并且这种花色甙很容易被人体所吸收。如果您既想减肥，又想抗病，还想增进视力的话，不妨多吃一些紫地瓜。

Q：在哪一个时段吃烤地瓜比较有助于减肥呢？

A：最有效的减肥法是晚饭时不要吃其他任何食物，只吃一两个小地瓜，喝少许牛奶。如果想快速达到减肥的目的，可以连早饭也这样吃，或者是将牛奶以黄豆粉、黑醋等取代。午饭则可以照常吃，所以不必担心会出现营养不均衡的问题。

Q：地瓜减肥只能利用吃烤地瓜的方式进行吗？

A：采取吃烤地瓜的方式，是因为这样能够将地瓜里的营养成分完整地保存下来，并且兼具美味。当然，也可以采取饮用生地瓜汁、蒸食或煮食的方式。

地瓜的其他吃法

◆地瓜红豆饭

◇材料：

地瓜 100 克，洋葱半个，蒜末 1 小勺，橄榄油 1 大勺半，高汤 1 大勺半，煮好的红豆 60 克，糙米饭 300 克，炒熟的黑芝麻适量，胡椒、盐、酱油各少许。

◇做法：

(1) 地瓜连皮带肉切成小块，洋葱切成细丝。

(2) 炒锅内放入橄榄油，用小火炒香蒜末。

(3) 爆出蒜香味后，放入洋葱炒至透明，再放入地瓜炒数分钟后，加入高汤同煮。

(4) 放入红豆，加盐、胡椒、酱油调味，最后放入糙米饭煮 4 分钟。

(5) 撒上黑芝麻后即可离火。

◆地瓜烤奶酪

◇材料：

地瓜400克，色拉油适量，洋葱半个（切成细丝），芹菜末少许，白醋1小勺，鲜奶两大勺，脱脂奶粉两大勺，粉状奶酪1大勺，面包粉1大勺，胡椒、盐、糖、味精、芝麻油各少许。

◇做法：

(1) 地瓜洗净，去掉外皮，切成1厘米厚的小片，放入醋水中（醋占水的2%）浸泡5分钟后捞起，放入热水里川烫几下。

(2) 炒锅内倒入色拉油，大火加热，放入洋葱丝炒至透明后，加入白醋、鲜奶、脱脂奶粉同炒。

(3) 将地瓜倒入锅中，加上盐、糖、胡椒、味精等调味。

(4) 在容器内侧涂抹一层芝麻油，将锅中的材料放入容器内，撒上粉状奶酪、面包粉，置入烤箱，以200°的高温烤20～30分钟。

(5) 取出后，撒上芹菜末即可。

◆地瓜牛蒡

◇材料：

地瓜200克，胡萝卜1/3根，魔芋1/4根，毛豆30克，牛蒡50克，生香菇1个，高汤1杯半，酱油半勺，酒1勺，盐少许。

◇做法：

(1) 地瓜去掉外皮，洗净，浸入醋水中（醋占水的2%），10分钟后捞起，磨成泥。

(2) 胡萝卜、生香菇切成薄片。牛蒡清洗两三次后，也切成薄片。

(3) 毛豆用盐水煮熟。魔芋先放入热水中川烫，再浸入冷水中，5分钟后切成小片。

(4) 高汤倒入锅中加热，放入胡萝卜，煮至熟软后，加入香菇、魔芋、牛蒡。

(5) 全部材料煮熟后（煮的过程中须及时捞除浮沫），加上酱油、酒、盐。

(6) 地瓜泥做成丸子状，放入锅中煮熟，最后加入毛豆即成。

◆地瓜沙拉

◇**材料：**

地瓜两个，柠檬 1/4 个，蛋黄酱两勺，西兰花 1 小棵，莴苣、盐、胡椒各少许。

◇**做法：**

(1) 地瓜洗净煮熟，趁热去掉外皮，捣成泥，加入柠檬汁。

(2) 西兰花洗净，切成小块，烫熟。

(3) 莴苣切成细丁。

(4) 将地瓜泥加入蛋黄酱、盐、胡椒搅拌均匀，置于盘子上。

(5) 放上西兰花，撒上莴苣丁即可。

◆地瓜牛奶

◇**材料：**

地瓜 100 克，腰果 30 克，鲜奶 100 毫升，砂糖适量。

◇**做法：**

(1) 地瓜洗净，削掉外皮，磨成泥状（也可以将地瓜切成小块，用果汁机打成泥）。

(2) 腰果炒熟后剁碎。

(3) 将地瓜泥与腰果放入杯中，加入鲜奶、砂糖，搅拌均匀即可，分成两次饮用。

◆咸肉炒紫地瓜

◇**材料：**

紫地瓜 150 克，洋葱 80 克，咸肉两片，色拉

油 1 大勺，盐、胡椒少许。

◇做法：

(1) 紫地瓜洗净，削掉外皮，纵向对剖，切成 1 厘米厚的半月形，浸水 1 分钟后捞起。

(2) 洋葱切丝，咸肉切成 1 立方厘米的小丁。

(3) 将色拉油烧热后放入紫地瓜，用火炒到熟软。

(4) 加入洋葱、咸肉再炒几分钟，最后以胡椒、盐调味即可。

◆蜂蜜柠檬地瓜汁

◇材料：

地瓜 100 克，凉白开 1 大杯，柠檬 1 个，蜂蜜少许。

◇做法：

(1) 地瓜削掉外皮，切成小块，加入 1 杯凉白开，用果汁机打成汁。

(2) 柠檬榨成汁备用。

(3) 将地瓜汁加入柠檬汁以及少许蜂蜜即可，分早晚两次饮用，可减肥、降血压。

◆地瓜糯米糕

◇材料：

地瓜 100 克，糯米两杯，水两杯，黄豆粉半杯，砂糖、盐少许。

◇做法：

(1) 地瓜洗净，烤熟。

(2) 糯米洗净，浸水 30 分钟后，加入适量的水煮熟。

(3) 把煮熟的糯米饭、烤熟的地瓜（去皮）加入砂糖和盐，趁热搅拌均匀。

(4) 把搅拌后的材料搓成适当大小的丸子状，撒上黄豆粉，早晚各吃一半，有减肥之功效。

◆地瓜苹果汁

◇材料：

地瓜150克，苹果50克，柠檬汁1大勺，柳橙汁100毫升。

◇做法：

(1)将柠檬汁、柳橙汁一起放入玻璃容器中备用。

(2)地瓜、苹果洗净，削掉外皮，用果汁机打成泥。

(3)将以上两项材料混合均匀后即可。

◆地瓜炒胡萝卜

◇材料：

地瓜1个，胡萝卜1根，洋葱1个，姜末1小勺，牛奶100毫升，水3杯，盐、植物油、胡椒、淀粉各少许。

◇**做法：**

(1) 地瓜、胡萝卜洗净后削掉外皮，切成 1 厘米厚的小片，放入水里浸泡一小会儿后捞起沥干。

(2) 洋葱切成 1 厘米厚的小片。

(3) 锅中倒入植物油烧热，放入洋葱，炒到透明后放入沥干水分的地瓜和胡萝卜，再加上姜末同炒。

(4) 炒五六分钟后，倒入水，煮到熟软，加入牛奶、盐、胡椒调味。

(5) 用淀粉水勾芡即成，早晚各吃一小碗。

◆地瓜酸奶沙拉

◇**材料：**

黄色或红色地瓜 100 克，小黄瓜 1 根，小西红柿 5 个，酸奶 3 或 4 大勺，盐少许。

◇**做法：**

(1) 小黄瓜洗净，先对半切成 4 个长条，然后再切成 1 厘米宽的小丁，撒上盐放置 15 分钟后，挤掉水分。

(2) 地瓜削掉外皮，切成1立方厘米的小块，放入滚水中烫10分钟，捞起沥干水分。

(3) 小西红柿切成对半，与小黄瓜丁、地瓜丁一起放入盘中，淋上酸奶即可。可取代早餐或晚餐，有显著的减肥效果。

◆酱地瓜胡萝卜

◇**材料：**

红色或黄色地瓜100克，大白菜两片，胡萝卜半根，酱料100毫升。

◇**做法：**

(1) 地瓜削掉外皮，切成细长条，浸入醋水中（醋20%，水80%），5分钟后捞起沥干。

(2) 胡萝卜切成与地瓜大小相同的细条状，白菜切成小片。

(3) 将以上所有材料放入大碗中，加上酱料后充分揉动，腌渍一夜即可食用。

◆地瓜炒毛豆

◇材料：

地瓜 100 克，胡萝卜 1/3 根，魔芋 50 克，香菇 1 个，毛豆少许，酱油 1 勺，色拉油两小勺，酒 1 大勺，盐半小勺。

◇做法：

(1) 地瓜洗净削掉外皮，切成薄片，放醋水中浸泡。

(2) 胡萝卜、烫过的魔芋切成与地瓜厚度相同的薄片。

(3) 香菇泡软，切成碎末，毛豆烫熟备用。

(4) 锅内倒入色拉油烧热，加上香菇爆香，放入地瓜、胡萝卜、魔芋炒熟后，加入毛豆以及调味料拌炒均匀即成。在早餐或者晚餐时吃。

◆地瓜炒饭

◇材料：

红色或黄色地瓜100克，胡萝卜1/3根，豆皮半张，香菇两个（泡软），酒1大勺，酱油半大勺，砂糖1大勺，柴鱼片少许，米饭半碗。

◇做法：

(1) 地瓜洗净后削掉外皮，切成小片，放入醋水中浸泡。

(2) 豆皮用滚水去油后切成小片。

(3) 胡萝卜切成细长条，香菇切成小片。

(4) 将酒、酱油、砂糖放入锅中煮沸，放入地瓜片、豆皮、胡萝卜、香菇，煮到熟软后，加入柴鱼片。

(5) 在米饭里加入以上材料，充分搅拌均匀即成。可取代早餐或晚餐。

◆地瓜炒青椒

◇材料：

地瓜 100 克，青椒两个，色拉油大半勺，酒 1 大勺，黑醋 1 大勺，盐少许。

◇做法：

(1) 地瓜洗净削掉外皮，切成 5 厘米长的细条，放入滚水里烫 5 分钟，捞起沥干。

(2) 青椒剖开去籽后切成细长条。

(3) 锅内倒入色拉油烧热，放入地瓜条、青椒条炒熟。

(4) 加入酒、黑醋，充分搅拌后即可。可取代早餐或晚餐，或替代米饭、副食。

◆地瓜煮虾

◇材料：

地瓜 100 克，鲜虾 100 克，青椒 1 个，洋葱 1/3 个，香菇 1 个（浸过水），淀粉 1 大勺，番茄酱 1 大勺，醋10毫升，酒1大勺，盐少许。

◇做法：

(1) 鲜虾剥掉外壳，以酒去腥，撒上淀粉，放入滚水里烫一下。

(2) 地瓜去皮后切成薄片，放入滚水里烫5分钟，沥干备用。

(3) 青椒去籽后切丝，洋葱切成细长条，香菇泡软后切成碎末，加入淀粉、番茄酱、醋拌匀。

(4) 色拉油烧热，将前项材料放入锅内同炒，待洋葱熟透之后加入地瓜及鲜虾，再加入酒以及少许盐。

(5) 最后放入淀粉水勾芡即成。

◆糖醋白地瓜

◇材料：

白地瓜100克，醋两大勺，砂糖两大勺，切碎的红辣椒、柠檬皮各少许。

◇**做法：**

(1) 白地瓜削掉外皮，纵剖成两半，再斜切成薄片，浸入醋水里 10 分钟后捞起沥干。

(2) 把地瓜、醋、糖、红辣椒和柠檬皮放入碗内，腌渍一夜后即可食用。

第二章

吃地瓜减肥成功的案例

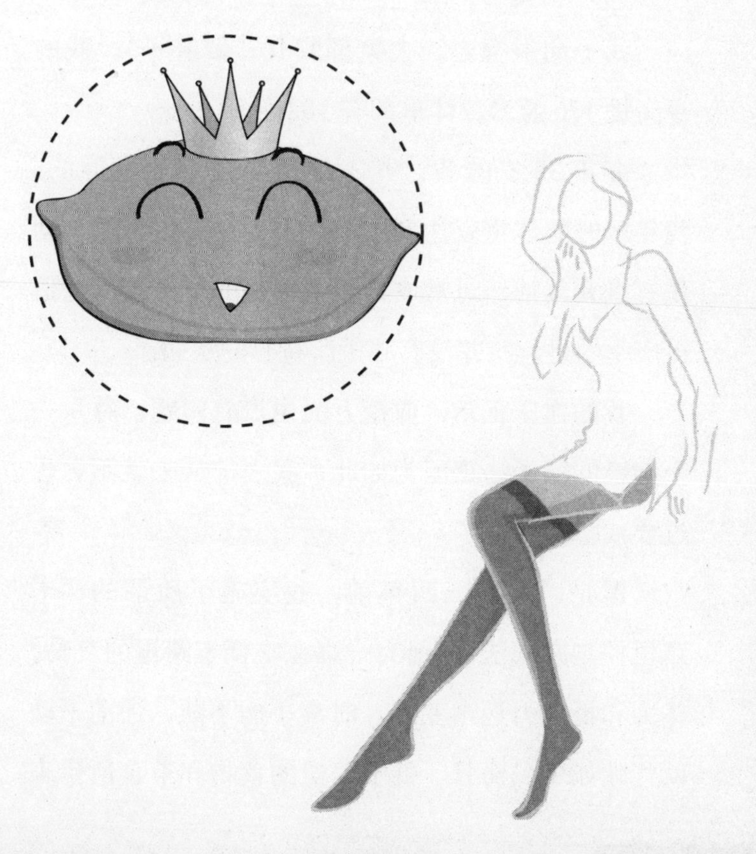

案例 1 3个月减掉8公斤，血糖值降低

我一向很福态，大家都叫我“傻胖子”。我的身高是176厘米，体重却有102公斤。

今年38岁的我，并不是最近才开始发胖的。我年轻时的体重就达到了100公斤左右，看起来动作有点儿笨拙，时常成为被人取笑的对象。不过值得庆幸的是，我并没有胖子所特有的疾病。

我的血压正常，血糖方面也没有问题，算是一个健康的胖子。正因为如此，我之前从来就不曾想过要减肥。

但是，大约三四年前，我实施了所谓的“卡路里控制减肥法”，因为一直在吃低卡路里的食物，体力和抵抗力逐渐变差，时常小病不断，还动不动就气喘如牛。而且，低卡路里的食物和节食所带来

的饥饿感，使我焦躁不安，时常发脾气。

减肥进行了一段时间后，我说服自己，肥胖只是让我的外表不好看，并没有导致什么严重的病症，应该不用减肥吧！于是，我又开始自由自在地饮食，有时甚至猛吃猛喝。

结果到了去年年底，我从公司安排的定期健康检查中得知，我的血糖值已高到 140mg/dl！当时我吓了一跳！虽然血糖值并不是非常高，但是医生警告我最好要减轻体重，否则如果血糖值继续升高，将来可能会引发糖尿病。

听了医生的话，我开始慌张起来，但是我实在不想用饿肚子的方法减肥。后来我求教于一位成功减肥的同事，他劝我尝试一下“吃烤地瓜减肥法”。他一再强调，用这种方法减肥绝对不会有饥饿感。

烤地瓜时可以使用烤箱，不过我那位同事刚好有一台烤地瓜机闲置不用，于是他把烤地瓜机借给了我，这样一来，我在家里的煤气炉上就可以烤出很可口的地瓜。烤地瓜机很像砂锅，不过锅底更深一点儿，还铺着陶制的小石子。我通常一次烤两三个小地瓜，先用大火烤30分钟，用筷子戳戳看，确认已经熟了，再把它翻过来，用小火烤5分钟。

那位同事告诉我，用烤地瓜取代晚餐是最有效的减肥方式。由于我每天都需要加班，于是，我索性把烤地瓜机带到公司，这样还省去了外出买晚餐的麻烦。

通过亲身体验，我发现只要吃一个中型的烤地瓜就不会觉得饿，吃两个的话，会觉得像吃了一份排骨盖饭，肚子很饱，再也不想吃别的东西。我曾经自我挑战看看一次能够吃下几个烤地瓜，结果吃了两个半，就再也吃不下了！

每天的早餐和午餐我还是照常吃，晚餐则只吃烤地瓜。3个月后，我的体重减轻了8公斤，血糖值也恢复正常，而且在减肥的过程中，我完全没有饿肚子的痛苦感。

案例 2 要想不复胖，每半年来一次

大约从 1 年前开始，我实施了“地瓜减肥法”，持续吃了 1 个月的烤地瓜后，我竟然减轻了 5 公斤。这之后的半年内，我的体重没有再增加。不过半年之后，我停止了以烤地瓜为晚餐，重新恢复了过去的饮食，在将近 1 年后，本来减掉的 5 公斤肉又回来了。

去年夏天，我觉得不能再胖下去了，于是又开始以吃烤地瓜的方式减肥。这一次，只用了 3 个星期，我的体重就减轻了 4 公斤，而且原本凸出的小肚子也渐渐缩了进去。后来我又坚持了一段时间，结果体重从最初的 102 公斤减到了 94 公斤，腰围也明显地变小了。

或许从外表看起来，我的身材并没有多大的变

化，但是在3个星期内减轻4公斤，实在也够了不起的。

因为胖，我一到夏天就特别怕热，就算每天洗两次澡，仍然汗流不止，所以皮肤上老是长痱子。我不知道是否与吃地瓜有关，反正我现在已经不长痱子了，而且也不像以前那样，整天都在冒汗。

我吸取前一次瘦下去又胖回来的教训，所以每隔半年就进行一次“地瓜减肥”。这样继续下去的话，我相信我的体重再减轻一些的希望非常大。

烤地瓜之所以吃起来美味可口，是因为它含有的淀粉在加热后会变成糖，这样吃起来才香甜可口，不过它又不同于蛋糕、饼干之类的甜点，吃了不会使人变胖。

地瓜含有丰富的膳食纤维和各种维生素，想要减肥的人，不妨以它取代每天的早餐或晚餐，或是以它代替主食。另外，如果再搭配牛奶一起食用，就可以补足地瓜中所缺乏的动物性蛋白质，使营养更均衡，可以说是一种很完美的组合。

总之，地瓜所含有的膳食纤维搭配上牛奶中的动物性蛋白质，能够给人很大的饱足感，使减肥很容易成功。

案例3 两个月减轻7公斤，不再便秘，皮肤也变好

我用吃烤地瓜来减肥已经持续一段时间了，结果在短短两个月的时间内就减轻了7公斤。

我是这样吃烤地瓜的：地瓜烤到熟软以后剥掉外皮，加上一勺黑醋、两大勺牛奶，搅拌成糊状，早晚各吃一次，而且除了吃地瓜糊之外，不再吃其他的东西，午饭则照常吃，没有任何限制。

我一向讨厌甜食，很少吃糖果、饼干、糕点之类的东西。不过，对于吃起来甜味十足的地瓜却不会排斥，甚至觉得很美味可口，而且在吃过地瓜后的第二天，我的通便情形就获得改善。我以前有便

秘的倾向，三四天才上一次大号，现在我变成每天都能够按时排便，肚子也感到舒服多了。

吃烤地瓜还有一个好处，就是它使我的皮肤变好了。我的皮肤本来就很干，加上上班时长时间吹冷气，又懒得保养，所以一年到头皮肤都显得很粗糙，尤其最近一两年更严重，变得没有光泽，我想可能年纪渐渐大了都会这样，也就懒得去管它。

让人欣喜异常的是，从开始吃烤地瓜后，我的皮肤变得一天比一天有光泽，看起来比以前好了很多，而且更有弹性，眼角四周的小皱纹也不见了。

我是从去年的 5 月份开始减肥的，因为从去年的 2 月份开始我就逐渐地发胖。关于发胖的原因，我认为可能与喝酒有关。那段时间，每到下班或节假日，我总是喜欢跟两三个同事在一起喝酒、吃东西，谈天论地，以此为乐。当我感到裤子紧绷在身体上时，才发现自己已经整整胖了 7 公斤。

想不到吃了烤地瓜后没多久，我就算多喝一点儿酒，多吃一点儿东西，也不会立刻反映在体重上，真令我欣喜异常。更让人惊讶的是，胖到 57 公斤的我，不到一个月就减轻了 4 公斤，之后，每一星期就减轻 1 公斤。

如今，我已经整整减轻了 7 公斤，又回到了以前苗条的状态。而且，减肥期间我除了晚餐只吃烤地瓜外，其余两餐我仍然照常吃，所以体力并没有减退。

减轻了 7 公斤的我，又恢复了之前的轻盈，肩膀也不再酸痛，腹部和臀部也缩了回去，松弛的肌肉也重新变结实了。以前发胖的时候，我一坐下来肚子就鼓得像个球，蹲下时裤裆则仿佛就要裂开似的，现在我再穿上那些裤子时感觉松了不少，那些在我长胖后不能穿的衣裤，如今也都能够轻松上身了。

案例 4 瘦成瓜子脸，梦想做明星

进入演艺界是我多年来的梦想，所以一有空我就会磨炼演技，并拍下自己的表情和动作，自我检讨一番。

我知道长相和身材是演员的本钱。我的五官十分抢眼，只是脸上的肉太多了，身材也很“抱歉”。

我读高中的时候体型就时胖时瘦，22 岁以后更是急速地发胖，体重达到 83 公斤（身高 175 厘米）。我真的很怕看到镜子里的自己。

我一直很想走偶像路线，给人一种潇洒的感觉，但是看看自己这种身材，梦想离我越来越远，甚至有了放弃的念头。

或许上天不忍心看我沉沦，有一天，在一个偶然的机会里，我碰到一位久未谋面的小学同学。他以前的绰号是“小肥猪”，我记得去年见到他时，他还是一副胖嘟嘟的样子，想不到才一年不见，他就跟完全变了一个人似的！

“我在一年内减轻了10公斤耶！”他得意地说，“我的法宝是只吃烤地瓜哟！”

乍听之下，我以为他在开玩笑呢！但是他的表情很认真，一点儿也不像在开玩笑。我一向很喜欢吃甜品，我知道地瓜就是非常甜的食品，吃了怎么可能不发胖反而变瘦呢？

他解释说，地瓜和面包、蛋糕之类的东西不一样，因为它含有很丰富的膳食纤维，所以吃了不会使人发胖。于是，我决定也来试一试他推荐的吃地瓜减肥法。

自从发胖以后，我每天都少吃一顿饭，也就是一天只吃两顿饭，但是一点儿都没有瘦。我反思了一下，因为少吃一顿饭会饿肚子，结果导致其他两顿饭反而吃得更多。不如按照那个同学说的，我两顿饭吃烤地瓜，剩下的那顿饭照常吃，这样至少三顿饭都不会有饥饿感了。

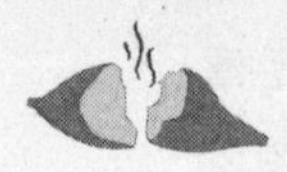

同学建议的方式是每次吃大约一个半的中型地瓜(有时只吃一个),同时喝大约150毫升的牛奶,或是把烤地瓜放入牛奶里拌成糊状吃。另外也可以把黑醋倒在烤地瓜上，捣成泥再吃。没吃之前，我感觉那一定很恶心，但是实际上味道还不错呢!

我的食量很大，一开始我担心每顿饭只吃不到两个地瓜一定会挨饿，内心觉得很不安，但真正开始实施之后，我才发现自己的想法大错特错。虽然我是真的在减肥，但是一点儿痛苦感也没有。

一个月后，周围的人看到我时都会说“你瘦了哟”！我听到这句话很高兴，又再接再厉继续下去。到现在为止，8个月过去了，我减轻了18公斤。

现在我的体重是65公斤，身上一点儿赘肉都没有，而且最令我高兴的是本来肉肉的脸竟然在不知不觉中变成了瓜子脸，很有立体感。现在女生走过我的身边时，经常会多看我一眼。

我想我又可以开始做我的明星梦了!

案例 5 终于可以买现成的西装了

从 3 年前开始，我就一天比一天胖。由于我生于一个肥胖家族，父母、哥哥和姐姐都胖胖的，所以我认为自己的胖是天经地义的事。

我从事销售业，工资中的大部分来源是奖金，主管整天盯着业绩看，稍不理想就会在检讨会上冷言冷语，所以我整天都很担心和焦躁。

我想，我的胖除了和先天因素有关外，还有一个最直接的原因就是下班后我常常一个人窝在沙发上，一边看电视，一边吃零食、喝饮料，希望能够借此来缓解压力。另外遇到有球赛转播时，一堆朋友就会聚在一起熬时间，真的是连续吃好几个小时，还会喝啤酒。

我家没有体重计，所以我并不确定自己到底有多重。不过，我很清楚自己胖的速度有多快，也因为一下子胖了很多，我感到非常沮丧，连以前的好友也不想见。这种心理加重之后，我除了工作时间之外，几乎整天都把自己一个人关在家里。虽然我也想到“减肥”这件事，可是受不了挨饿的痛苦，以至于迟迟没有下定决心。

直到有一天，我无意中在杂志上看到一篇“地瓜减肥超有效”的文章，说是吃烤地瓜能够减肥。说真的，当时我并不相信，因为地瓜很甜，我从来没听说过吃甜食可以减肥的。那篇文章还说，吃烤地瓜的同时最好再搭配一杯牛奶，以补充蛋白质和钙质，但是我是一喝牛奶就会拉肚子的人，所以就没把这件事放在心上。后来，实在胖到连我自己都觉得很难接受了，就想死马当活马医，何不试试地瓜减肥法，至于牛奶，我就自作主张用不加糖的豆浆，或是更简便的黄豆粉来代替。

我早晚各烤两个地瓜，烤熟后剥掉外皮，切成小段，蘸上黄豆粉一起吃。至于午餐我则照常和同事一起吃，不过因为心中想着要减肥，所以自然而然就会点一些比较清淡的食物。如果实在忍不住吃了油炸的肉排，晚上吃烤地瓜时我就不再蘸黄豆粉，而改成加一勺黑醋，用以解油腻。

就这样进行了一段时间后，我的体重持续减轻，那种快速瘦下来的感觉，实在叫人兴奋。事实上，吃烤地瓜仅仅1个月后，我的腰带就已经变松，向内退了1格。1年后的今天，我总共甩掉了大约25公斤的赘肉。我的身高是170厘米，现在的体重是68公斤，虽然看上去还不是太标准，但已经不会再让我因为肥胖而感到自卑和畏缩。

在穿衣方面，自从发胖后，我以前的衣服就都穿不下了，只好重新买，有时甚至因为买不到超大号的而需要专门定做。现在我瘦了，而且比没有发胖前更瘦，同样的，那些肥肥的衣服也不合适了，又要重买，但是这种重新买衣服的感觉是喜悦多过惋惜。更棒的是，我现在可以在商场买现成的西装了。

从小就胖的我，从来没有像现在这样“轻盈”过，我的父母与哥哥、姐姐看到我变“窈窕”，都非常惊讶，也跃跃欲试。相信有我的成功经验在先，他们依照此法减肥也一定可以达成心愿的。

两个月前，我的三餐恢复成正常的饮食。在减肥的过程中，我的饮食习惯也不知不觉地发生了变化，现在除了必要的应酬外，我几乎都吃得很清淡，食量也变小了。我想接下来最重要的不是继续瘦下去，而是不要再胖起来。

案例 6 瘦了一大圈，不再被人取笑

十七八岁是最爱漂亮的年龄，我的很多同学都开始交男朋友，或是被男孩子狂追，而我，只是大家开玩笑的对象。虽然表面上看起来我一点儿都不介意，也跟着哈哈大笑，其实内心充满着恨意和嫉妒。渐渐地，我从讨厌别人变成讨厌自己。当时的我身高是 162 厘米，体重是 82 公斤。我的身高还

可以，但是体重实在是……这也难怪别人老拿我开玩笑。

我其实算是个多才多艺的人，我会唱歌、弹钢琴、吹长笛，在学校参加各种特长比赛也经常得奖，功课也很棒，尤其是数理方面。但是只要是需要动身体的活动，我一律被除名在外，比如班级拉拉队、接力赛等，就连拔河比赛都没我的份儿，因为大家说我是“虚胖”,并不是真的力气很大。更气人的是，我想参加热舞社竟然也被拒绝。

经过一次又一次难堪的打击，我下定决心开始减肥。起初我用的是最原始的节食方法，但往往是饿得头昏眼花后更容易暴饮暴食。后来又听人说要少吃多动，但是一少吃我就没力气，哪里还有力气运动啊！而且我觉得那样减肥不但累，瘦的速度也很慢。之后又有同学介绍我喝一种宣称一周可以瘦两公斤的减肥茶，但我喝了以后会心慌。我也尝试过针灸减肥法，就剩还没去抽脂了……总之，为了瘦下来，我几乎所有的方法都用过了。

直到有一天，我在网络聊天室看到有人提出吃地瓜可以减肥，而且很多人都站出来响应。每个人的状况不尽相同，用的方式也多多少少有点儿差异，但重点都是吃烤地瓜，并且每个人都说很有效……霎时间，我好像看到一盏明灯，觉得自己有救了。

我是外地来的学生，在外面和同学合租房子，这样更方便我“行动”。我买了一个小烤箱，准备开始我的地瓜减肥之旅。我都是前一天晚上把两个地瓜洗干净，第二天一起床就先把地瓜放进烤箱，这样等我洗漱完，地瓜也烤好了，上学途中再买一盒鲜奶，一起带到学校当早餐吃。中午我还是和以前一样，跟着班上的同学一起订盒饭。到了晚上，我因为要彻底执行网友说的“用烤地瓜取代早晚两餐”，所以一放学就直奔住所，洗地瓜、烤地瓜、吃地瓜。因为早餐我没能吃到蔬菜和水果，中午的盒饭也是以肉食为主，所以晚餐我都会另外吃一些蔬菜和水果。

一个多月过去了，我减掉了8公斤，虽然离目标还很远，但是已经瘦了一大圈。因为这种方式不会令我感到痛苦，相比之下具有较强的可执行性，所以我相信成功是指日可待的。而且我发现，自从执行地瓜减肥法后，我还意外地得到许多附加的好处，比如我的生活费变低了，省下来的钱可以买些自己喜欢的东西；以前放学后，我很喜欢和同学们相约去逛夜市，吃吃喝喝，现在我为了赶回去烤地瓜，在外游荡的时间少了，读书的时间多了。

因为烤过的地瓜确实很香，我的室友和班上的同学也跟着吃起来，有些不胖的同学还意外地发现自己长久以来的便秘问题得到了改善，有的说皮肤变好了，甚至不再长痘痘。现在班上的同学都叫我“地瓜达人”，希望不久以后，我能瘦到标准身材，不再被人取笑了。

案例 7 能够穿窄管的裤子了

吃烤地瓜减肥法的效果真令我和我身边的人感到不可思议。经过 8 个月，我瘦了 25 公斤，从原来的 82 公斤减到现在的 57 公斤，连穿衣服都比较有自信了。以前为了遮肚子、遮屁股、遮大腿，我下半身都穿那种有松紧带的宽大裤子，再搭配一件超大的衬衫或 T 恤。其实那都是自欺欺人，一个胖子无论穿成什么样还是胖啊！

回想我第一次在专卖店趁着四下无人，鼓起勇气试穿一条窄管的裤子，发现自己竟然穿得下时的那种兴奋，真是难以形容。我看着镜子中的自己，雀跃不已。而且我同时还发现，我的皮肤也比以前有光泽了，原本偏黄的肤色也变得白里透红，没想到只是单纯想减肥，却得到这么多额外的好处。

我听人家说，用不恰当的方式减肥，虽然短期内或许可以达到目的，但是很快就会胖回来。不过就我个人来说，我用吃烤地瓜减肥法在 8 个月的时间内减掉 25 公斤，目前 57 公斤的体重已经维持了一年多，而期间我的饮食早就恢复正常了。

现在，我还留着我最胖的时候穿的一条裤子，有时因为克制不住而吃得太多，我就会再穿起那条裤子，并且告诉自己，成果得来不易，如果继续放纵下去，总有一天还是会回到从前。胖过才知胖子的痛苦，所以我决定以后我会不定期地吃上一段时间的烤地瓜，我发誓我再也不要当胖子了。

案例 8 肥仔变身充满自信的阳光男孩

我的身高是 173 厘米，虽然不是很高大，但由于身材比例不错，所以体重 59 公斤的我显得比实际高，再加上灿烂的笑容，因此有“阳光男孩”的美称。

许多认识我的人看到我现在的样子肯定会很惊讶，因为不久前我还是那么的肥胖，而且由于自卑，所以也不爱笑，和现在相比真的是判若两人。而我的“地瓜减肥记”实在够戏剧化，且听我道来。

我不是那种突然爆肥的人，事实上我的肥胖史很悠久，从我懂事以来我就发现自己比一般人胖。小时候还会听到“胖胖的好可爱”的赞美声，但长大后就不再有人这样形容我了。

我从小食量就很大，而且总是刚吃过饭没多久就喊饿。小学三年级时，我的体重就已经超过了50公斤，许多同学都叫我“肥仔”，甚至拿着整个橘子要塞进我的嘴巴里。那时我很喜欢坐在我后面的一个女生，但是她经常对我吼着说：“你那么胖，都挡住黑板了！”有时候，老师请全班同学吃比萨或麦当劳，总会有人对我说：“你那么胖，还吃！”

到了高三，因为考试压力大，我一度胖到90公斤，这对一个在学校上了一整天课，放学后还要塞在补习班狭窄空间里的胖子来说，真的是难以忍受的痛苦。

考上大学的那个暑假，我通过增加运动量大约减掉了 5 公斤的赘肉，但是，上了大学住校后，因为经常和三朋四友吃吃喝喝的缘故，结果体重终于飙破了 100 公斤。整个大学期间和之后的读研、读博期间，我的体重大概就在 100 公斤上下浮动，直到进入社会，由于工作压力比较大，体重才减轻到 90 ~ 95 公斤之间。但是说实在的，对于一个胖子来说，90 公斤或 95 公斤已经没有太大的差别了。

有一天，我到书店找有关如何在职场上胜出的书，其中有一本书谈到，肥胖除了会引发各种慢性病，对工作很不利之外，连带地还会让人觉得这个人没有自制力和信誉……我突然明白，肥胖已经不单纯是外表的问题，它还会降低我的竞争力。

我辛苦多年，获得这样高的学历，工作认真，最后却是被“肥胖”打败，想想真的很不甘心。于是，我拿出读书时的拼劲，先采用“上吐下泻”法，

也就是一吃下食物就催吐和吞泻药，但 3 天后我就因为脱水而不得不去医院挂急诊，这招儿算是彻底失败了。后来我又在网站上搜集了很多古怪的方式，也一一验证，可是并没有达到预期的效果。

后来我正式到医院求医，服用医生推荐的食欲抑制剂，到减肥教室上课，还按摩能够减肥的穴道……前后试过了很多种方法，但是始终不见效果。

我旺盛的食欲一点儿也没有降低，往往刚吃过饭还要吃零食，尤其是甜食。有一天晚上，我听到有人在叫卖烤地瓜，忍不住下楼去。正当我犹豫要不要买时，老伯好像看透了我的心思，笑着告诉我说："年轻人，吃地瓜可以减肥呢！现在好多人都用吃地瓜来减肥……"我当时认为他一方面是在推销烤地瓜，另一方面却是在挖苦我，于是我扭头就走。

回到房间，我很好奇地上网查看吃地瓜是否真能减肥，没想到真的有很多人用这种方法减肥成功。之后，我就把烤地瓜当成主食，平均每天吃两个。每次把烤地瓜当成主食吃时，我都会另外再加一碟蔬菜或者水果。因为我知道只吃烤地瓜的话，营养会不均衡。就这样，采取以烤地瓜为中心的饮食方式之后，我逐渐改掉了暴饮暴食的习惯，仅仅在三个半月之内，我就减轻了14公斤，变成61公斤，后来又花了三个多月的时间，瘦到了现在的59公斤。

现在，我的饮食已经恢复正常，但是运动比以前多了，也不再贪吃路边的炸鸡排。我希望能一直维持这样的状态，因为瘦下来之后，我在各方面都变得更有自信，工作也更有动力，不再怨天尤人。

案例9 地瓜免除我失业的恐惧

以前我在一家规模很大的公司上班，待遇也很不错，我本来以为可以干到退休的，但是后来因为某个原因我不得不离开这家大公司，来到现在工作的单位，当起了一名保全人员。

我在那家大公司上班时，生活作息方面很有规律，每星期都能够去三四次健身房，因此我的体能和体态都很不错。自从担任保全人员后，我的工作变得很不固定，有时候必须坐车来往于各地，而且接触的案子也非常棘手。刚开始时我不太适应，为了缓解心理压力，休息时我会吃很多东西，于是体重直线上升。没多久，我的体重就超过了120公斤，至于到底是多少我也不知道，因为我的体重计只能量到这里。

胖到这种地步，连我的上司也看不下去了，他暗示我说："作为一名保全人员，身手矫健是必需的条件……"我顿时有一种即将丢掉工作的恐惧感。而且我也年近四十了，很担心再这样胖下去，会出现各种成人病。

当时我急需一种可以快速瘦下来的方法，因为外在的情况不允许我慢条斯理地减肥。我在电视、报纸上经常看到减肥减到只剩下半条命的例子，所以不敢尝试来历不明的减肥药，而且如果搞坏身体没办法工作的话，老婆孩子难道要丢给爸妈养吗？

正当我苦无对策时，刚好表姐从日本回来，她说起日本正在流行吃烤地瓜减肥，还顺便买了一个烤地瓜用的砂锅。

表姐告诉我，砂锅可以直接放在煤气炉上面使用，只要半小时左右就可以把地瓜烤熟，而且这样烤出来的地瓜特别可口。

在这里我要特别感谢我老婆，她除了照顾两个小孩，为了我每天一大早还要起来洗地瓜、烤地瓜。如果当天没有值晚班，她做好晚饭后，还会再为我烤一次地瓜，让我一进家门就可以吃到香喷喷的烤地瓜。

午饭我大都在外面吃，以前很喜欢吃汉堡，现在则常吃清淡的日本料理或汤面。刚开始，我担心自己食量大，会吃不饱，不过从施行吃烤地瓜减肥后，食量自然变小了，而且也变得不喜欢吃油腻的东西，真的令我感到很意外。

两个月后，当我站上体重计时，指针指在110

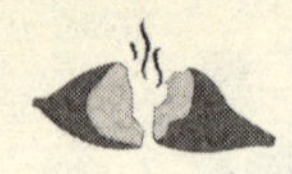

公斤的地方，也就是说我至少减轻了10公斤。之后，我每个星期都会称体重，而且每次都会减轻，到后来我变得很喜欢称体重。

3个月后，我的体重就减轻到100公斤以内，上司看到我的成果也很感动，反而劝我不要太“虐待”自己。但是，我实在很享受那种变瘦的感觉，所以更卖力地减，况且，吃地瓜减肥一点儿都不痛苦，体力也没有变差，可以说是一种很“人性化”的方式。

回想从前爆肥的那段日子，我不但很容易累，而且脾气也很坏。下了班，一听到小孩的吵闹声，我就会对着他们大吼大叫，现在我变得比较有耐性了，经常和孩子们一起玩。以前，我如果白天站久了，到了晚上脚就会肿得很厉害，现在则不会了（后来我才知道，地瓜含有的皂甬玳具有利尿的作用，能治双脚浮肿）。另外，我听说感到疲劳时吃点儿甜食，可以使心情愉快，对解除焦躁不安很有效，在吃了甜甜的烤地瓜后，我发现的确有这种感觉。

我的目标是将体重减轻到 80 公斤左右，虽然还有一大段路要走，而且我听说越到后面越难减，但我已经做好了这方面的心理准备。

案例 10 不但减轻了体重，也增强了记忆力

我现在是一个高中生，我是在初中一年级的青春期发育后“变形”的，回想起那段过程，真是有哭有笑。

在小学六年级到初中一年级这段时间内，我的身高和体重都有所增加，但是比例却很不协调，我只长高了 5 厘米，却重了 13 公斤。小时候我的外号是“油条”，现在竟然被叫做“馒头”了。

当时大人们说那是青春发育期的过渡阶段，以后就会慢慢瘦下来，但是事实上并没有。看着小学时的照片，真不敢相信，短短两年的时间，我就从

瓜子脸变成大饼脸了。更可悲的是，除了脸，我身上也多了一圈肥滋滋的油。以前穿什么衣服都好看的我，现在只敢穿深色的紧身裤外加长长的大T恤(还好我的小腿并不粗)，至于洋装、短裙、窄管牛仔裤等完全与我无缘了。

那时候，我除了洗脸时会看看镜子里的自己，其余时间都很讨厌照镜子。有时候经过商店外的橱窗或者大厦里的玻璃帷幕，我都故意不去看自己被映射出来的样子。但是我知道，逃避并不能改变事实，我真的厌恶继续当一个胖子了。

初中生都非常好奇也非常勇敢，小道消息又多。当时班上不只我一个人很胖，但奇怪的是，胖的人都不想减肥，反而是那些身材很令人羡慕的人整天嚷嚷着要减肥。由此我得出了一个结论：不要问胖子如何减肥，她们就是因为“束手无策”才会把自己搞得那么胖。

那时候班上有个“减肥团”，但成员清一色是身材姣好的人。每当她们高声交换减肥妙招时，我都暗记在心，并私下偷偷尝试。可是不知道是因为没有效果，还是新鲜感过了，反正每次用不了多久，她们就会换新的方式。因此，我也就跟着她们试过了种种的饮食疗法，包括断食、只吃苹果或只吃香蕉；另外还有身上裹保鲜膜的，手指缠线的（当然我只有在放学后才会进行），用姜汁泡澡的……不胜枚举。

直到有一天，不知是谁打听到一种吃地瓜的减肥法，说是搭配牛奶，取代早餐和晚餐，就可以快速减肥。当时还有同学说，放出这个风声的人心机很重，因为她想让大家都吃胖，好让自己看起来最窈窕。也难怪大家会这样怀疑，因为地瓜属于淀粉类物质，而且吃起来甜甜的，吃了不发胖就阿弥陀佛了，哪敢奢望还能减肥。

事实上，那些“减肥团”的成员身材苗条，没有必须要减肥的压力，遇到“可疑”的方法她们就直接跳过。但是我则不同，我已经胖到“走投无路”的地步了，于是我在半信半疑下，打算偷偷地尝试

“地瓜减肥法”。

最初听到我说吃烤地瓜可以减肥时，我妈妈简直笑翻了，但基于爱女心切，她还是答应早晚帮我烤地瓜。之后，我真的乖乖地早饭和晚饭都吃地瓜配牛奶，午饭则和同学们一起订盒饭，因此并没有人发现我在偷偷地减肥。而且因为中途我也不会饿，上体育课仍然很有体力，这让我很安心。

采用这种方法减肥后的第一个星期，我虽然没有明显变瘦，但也没有变胖，而排便却比以前顺畅了。我想，就算减肥无效，至少可以解决另一个让我头痛的问题，所以就继续坚持下去。

时间过得可真快，转眼间一个月就过去了，我的校服裙竟然变宽松了。以前刚吃饱饭趴在桌子上午休时，我都要偷偷解开裙子的拉链，不然腹部会被勒得很紧，现在竟然觉得很轻松。我觉得很有成就感，而这种成就感促使我坚持了下去。妈妈看到慢慢瘦下来的我变得开朗了，也更卖力地帮我准备地瓜餐。

自从发胖后，上体育课时我是能偷懒就偷懒，变瘦之后，我觉得自己“轻盈”了很多，于是不再排斥多做些活动。以前上学或放学时，我连两站公交车的距离都懒得走，硬要搭爸爸上班的便车，现在我会早一点儿出门，走路上学。总之，吃地瓜减肥带给我一种说不出的活力。后来我从报纸上得知，人在摄取糖分后，脑内会分泌一种叫做血清素(Serotonin)的神经传达物质，能使人感到心平气和，另外地瓜所含有的维生素 B_1 能促进脑功能，提高记忆力。

很快地，暑假来临了，我再接再厉，进行了整整两个月的“地瓜减肥”，再搭配一些简单的居家运动，我竟然一口气减了 9 公斤（总共不到 4 个月），开始敢穿紧身的短 T 恤了。

开学后，同学们看到我都瞪大了眼睛，难以置信，纷纷围着我问到底是怎么变瘦的。我先要大家猜猜看，结果没有一个人猜对。当我宣布答案是吃烤地瓜时，四周响起一片惊呼声，好多人都表示也

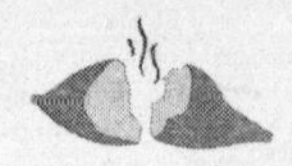

要试试看。后来我被推举为“减肥团团长”。

从那之后，一直到现在，我都没有重新变胖。每当我听到有人要减肥时，无论男女老少，我都会推荐他们尝试“地瓜减肥法”。

第三章

地瓜能够治疗的疾病

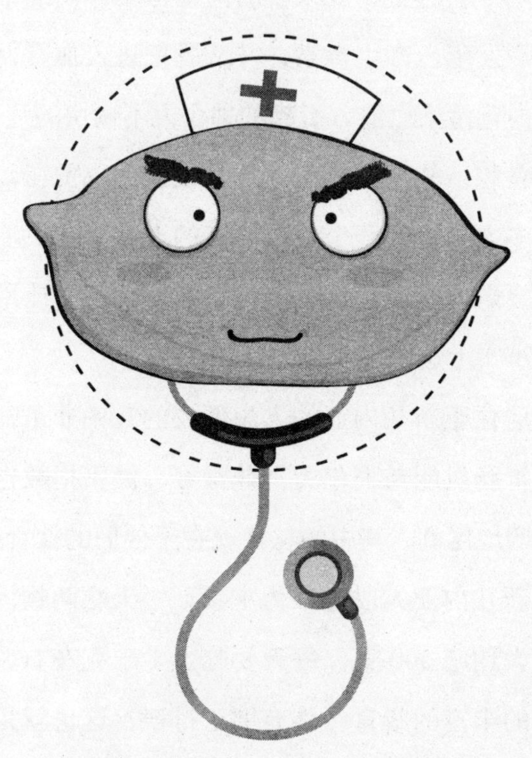

健胃整肠

吃下去的食物如果长时间滞留于体内的话，就会腐烂发酵，产生毒素，并从肠壁进入血管，循环于体内，污染血液，引起种种令人不愉快的症状。

食物残渣无法排出体外，就会形成便秘，这是令很多人头疼的一个问题。有的人为了解决便秘问题，会定期吃泻药，甚至有些老年人还会使用灌肠法，事实上这都是有碍健康的。

居住于新几内亚的人患便秘的几率非常低，他们的胃肠机能与消化力都非常好，健康指数也比许多文明地区高，其中的秘诀就在于他们的饮食生活。

新几内亚人以地瓜为主食，一天吃两顿饭，每顿饭大约吃 500 克，每天要吃上 1 千克左右。地瓜含有的丰富的膳食纤维有助于排泄，这也就是为什么当地人胃肠机能好又不易患便秘的原因。

或许以米饭或馒头为主食的我们无法完全改吃地瓜，但不妨试试“地瓜断食法”，可以选在不上班的周六或周日进行，只要一天就够了。

在这一天之内，必须吃1千克以上的地瓜（可以分成三餐吃，最好每餐吃500克），再配上少许的西红柿和洋葱。地瓜最好采取烤的方式，不加调味料。采取这种健胃整肠断食法的第二天或是第三天，就会排出很多（约1千克）粪便。如此重复吃几次地瓜，就能有效解决便秘的问题，并提升胃肠机能与消化力。

使血液循环变好

地瓜含有丰富的维生素A、B_1、B_2、C、K、P等，以及钾、钙等矿物质。根据医学机构临床报告显示，地瓜对治疗神经痛有疗效，这是因为经常吃地瓜，人体内的血液循环会慢慢变好。地瓜除了我们常吃的块茎部分，地瓜叶也可以吃，无论是川烫还是清炒都很可口。地瓜叶晒干后还可以当成茶叶，用开水冲泡来喝；鲜地瓜叶则可以打成汁直接饮用。

消除腰痛并增强内脏功能

腰痛往往是由肝脏或肾脏功能不良所引起的。经常腰痛的人，只要常吃地瓜，体内缺乏的维生素、矿物质就能够获得补充，从而恢复血液功能，提高肝、肾的机能，不会轻易引发腰痛。

高血压、生理痛、脑血栓后遗症的出现与血液不洁有密切的关系，只要多吃地瓜就能净化血液，从而避免或减轻这些病症。

风湿热是当身体免疫力或抵抗力下降时，病菌感染所引起的一种疾病，而免疫力与抵抗力的高低与血液是否洁净有很大关系。血液的功能是杀死细菌、病毒和异物，并且增强人体对疾病的免疫力以及抵抗力。时常吃地瓜可改善人体的造血机能，提高免疫力与抵抗力。另外，人们多摄取钙质，血液循环会变好，氧气也会随之贯穿病痛的部位，所以身体的疼痛与疾病就能够获得改善，而地瓜就含有丰富的钙、铁和叶酸。

提高白细胞的杀菌作用

血液紫斑病又称为“自我免疫疾患”，也就是抗原－抗体复合物黏在血管壁上，引起所谓的酵素反应而导致的疾病。与其他器官相比，肾脏以及肠黏膜的血管壁比较薄，更容易受到影响。有些患血管性紫斑病的人，在切除了扁桃体以后，紫斑病就会痊愈，因此有些学者认为此病与扁桃体的细菌感染有关。

果真如此的话，有这方面疾患的人不妨多吃一些地瓜，因为地瓜能够提高白细胞的杀菌作用，只

要细菌被消除，抗原－抗体复合物就会减少，紫斑病就能够获得改善。

到目前为止，医学上对再生不良性贫血的起因仍不明确，对此，有学者提出“自由基会夺走造血细胞的自我复制能力”，而白地瓜就有消除自由基的作用。

消除支气管内的细菌

中老年人的支气管扩张症是细薄的支气管末端因受损而变形,致使人不能正常呼吸（换气）的疾病。支气管一旦遭到破坏，就很难再复原，如果滞留于支气管内的细菌无法排出，再加上身体的免疫力降低，就会使支气管发炎。我们已经知道白地瓜能够提高白细胞的杀菌功能，增强免疫力，在这种良性循环的作用下支气管内的细菌就会被消除。

促进细胞新陈代谢

人体细胞在进行新陈代谢时最不可或缺的物质是锌，可以活化所有脏器的则是磷，而地瓜就含有大量的锌与磷。常见于肉类中的维生素 B_1，可使细胞延迟老化、使血管保持弹性的维生素E，白地瓜内的含量也很丰富。此外，白地瓜还含有能提高肝功能的维生素K。

长期吃白地瓜，可以改善肝功能，使血压、血糖值下降，甚至有人利用白地瓜来治疗癌症，并且取得了良好的效果。

降低血糖与血压

白地瓜所含有的低聚糖不同于淀粉分解后产生

的葡萄糖和蔗糖。白地瓜含有的低聚糖不仅不会使血糖值升高，反而会使血糖值下降。另外，低卡路里的低聚糖会使肠内的比菲德氏菌（益菌）变活泼，对预防便秘、消除肥胖很有帮助。

白地瓜含有很丰富的膳食纤维，与其他食物一起进入胃里后，可以延缓食物消化的速度，使其他糖质被吸收以及进入血液的时间拉长，使血糖值长时间保持稳定。在这种情形下，胰岛素的分泌不必太多，胰脏的负担可以减轻很多。

人们患糖尿病的最大原因在于营养摄取过剩，导致胰岛素分泌增多，使胰脏不胜负荷，因此，只要多摄取低聚糖以及膳食纤维就能够预防并减轻糖尿病。同时，高血压也会引起动脉硬化，如果多吃地瓜，可防止血压上升。

白地瓜还含有能够强化微血管的维生素P、使血液保持洁净的维生素E，以及丰富的维生素K，这些成分可改善眼内出血，增强视力，眼睛方面有疾病的人，也不妨多吃一些白地瓜。

降低尿酸，改善痛风症状

一般人所说的“痛风”是指血液中的尿酸浓度过高时，引起大脚趾疼痛的关节炎。至于为何痛处在大脚趾，医学上至今仍然没有明确的说法。

痛风与饮食不当息息相关，比如常吃肉、爱喝酒、菜肴过油过咸等等，都会使血液中的尿酸浓度升高，给新陈代谢造成障碍。而地瓜所含有的矿物质能够提高肝脏、肾脏机能，促进尿酸排泄，改善痛风的症状。

另外，痛风与活性氧（自由基）关系密切，合成尿酸的酵素同时也是制造活性氧的酵素，多吃地瓜可以消除活性氧，对改善痛风很有帮助。

提高肝功能

紫地瓜最大的特征是带着浓浓的紫色，是地瓜中颜色较深的品种，但味道与其他颜色的地瓜并没有两样。它之所以呈紫色，是因为紫地瓜含有很丰富的花色甙，而且成分非常稳定，即使经过烤、蒸或煮，也不至于流失，能够有效地被人体吸收。

紫地瓜可以增强视力，因为它能够消除血液中的自由基，强化眼睛周围的毛细血管，并使血液循环畅通无阻。紫地瓜所含有的丰富的花色甙，不仅对血管的健康有所帮助，同时对负责净化血液的肝脏也很有帮助。

日本宫崎大学的教授杉田博士曾经针对紫地瓜进行过一项实验，他以50名肝功能异常者为对象，让他们每天喝120毫升生紫地瓜汁。45天之后，这些受试者的肝功能都有了明显的改善。其中患肝病不满五年的人，他们的 GOT、GPT 下降了 20% 以上。

最好的抗氧化食物

所谓的抗氧化物质，就是指能够消除自由基（活性氧）的物质。自由基会使我们的身体老化，就如坚硬的铁也会生锈一样，我们的细胞“生锈”以后会变得很脆弱，血管壁也会因此受损而引起动脉硬化。

紫地瓜含有很丰富的多酚，能够防止上述病症的发生。多酚中有一种被称为“花色甙”的紫红色素，经研究证实，它比蓝莓中的花色甙更容易被人体吸收。

顾肠胃，青春养颜

野生地瓜（又名“山药”）黏度越强，药效越好。过去，野生地瓜一直被当成是病人调养身体的食物，因为它能够使人快速恢复体力。

野生地瓜最大的特征是含有丰富的淀粉分解酵素和糖质分解酵素，正因为如此，肠胃不好的人也可以安心食用。以蛋白质的含量来说，野生地瓜是所有薯类之中含量最多的一种。

削掉野生地瓜的外皮时，我们会发现它上面有一层黏滑物质，这是“黏朊”。这种物质能够使蛋白质在体内被有效利用，促进食物的营养吸收。

野生地瓜的另一个特征是含有一种叫做“过氧化氢酶”的氧化还原酵素，这种物质能消除自由基，保护人体健康。野生地瓜对改善人体全身的不适都很有效，它不仅能够增强体力，提升抵抗力，更能调节体液的分泌。此外，它还能直接作用于呼吸系统、消化系统、内分泌系统等器官，治愈疾病，使身体快速恢复健康。

就以糖尿病来说，野生地瓜可促进胰岛素分泌，使血糖降低，对糖尿病的治疗很有帮助，尤其是炖煮的野生地瓜猪胰汤疗效最为显著。至于因器官老化引起的各种症状，诸如健忘、容易跌倒、听力退化、腰酸背痛等，吃野生地瓜也能够获得立竿见影的效果。最神奇的是，野生地瓜还具有强精作用，并能降低女性更年期的各种危害。

野生地瓜一年四季都能买到，但以秋末冬初的较佳，因为此时野生地瓜所含有的部分水分被蒸发掉了，黏性增强，味道更为鲜美，药效也随之增强。

购买野生地瓜时最好选择较粗大者，因为细小者药效比较薄弱；要避免漂白过的，因为它虽然外观好看，但是药效较差。此外，野生地瓜不宜放置太久，切开食用后，剩余的那部分必须在两三天内吃完。

对男性泌尿疾病有帮助

有些人会夜间尿频，并因而导致慢性失眠。此外，排尿时无法一次排放干净，小便细软无力……这些泌尿方面的疾病困扰着许多人。

野生地瓜特有的黏滑成分是一种被称为“黏肮”的物质，它具有类似荷尔蒙的功能，可调节体内的各种机能，使之趋于平衡。以男性来说，如果有前列腺方面的毛病，排尿就会感到不顺畅，排尿的次数增加，或是有残尿的感觉。这时，只要坚持吃野生地瓜，经过一小段时间后，不但能够解决泌尿方面的问题，同时也能够增强精力。

吃野生地瓜有个诀窍：如果是白天尿频的人，最好在早餐时吃；如果是夜间尿频的人，最好在晚餐时吃。

对妇科病也有帮助

野生地瓜除了含有黏朊之外，还含有很丰富的消化酵素，能促进谷类的消化，加快胃肠蠕动。但由于消化酵素在高温下会被破坏，因此最好是生吃，例如磨成泥状食用。

野生地瓜可促进荷尔蒙分泌，使体内的异性荷尔蒙活性化，对男性、女性都有效用，尤其是在改善女性更年期所引起的不适症状方面效果显著。

降低药物副作用

白地瓜因为含有多种维生素及矿物质等微量营养素，能使健全的血液与细胞再生，并且抑制白血病的恶化。病人在治疗白血病期间，必须与药物的副作用展开激烈的搏斗。白地瓜具有活化肝脏的作用，使肝脏的解毒工作能更有效地进行，从而将药物的副作用降到最低。

对痔疮有效

黄色地瓜含有各种对人体有益的营养素，在这些营养素中，维生素K、维生素C具有止血的作用，维生素E以及卵磷脂则能够使血流通畅。这些成分发挥作用后，能大幅度减轻痔疮、胃病以及十二指肠溃疡所带来的痛楚。如果想治疗以上这些伴有出血症状的疾病，吃黄色地瓜最为有效。

强化细胞与细胞的结合

在短时间内，频繁地出现动脉瘤或者硬膜下血肿的人，原因在于脑部的血管过于脆弱，或是血液循环不畅通。

白地瓜所含有的维生素C与维生素P能够强化细胞与细胞的结合，使微血管变得强健。此外，白地瓜所含有的维生素E能促进血液循环，维生素K则有止血的作用，能消除血肿。

排出体内的老旧废物

黄色地瓜含有丰富的维生素E、卵磷脂，以及维生素K等等，这些营养素能使体液的循环变好，同时还具有止血的作用。持续吃黄色地瓜，由于它所含有的成分会逐渐发挥作用，新鲜的氧气以及营养被迅速输送到全身，身体内的老旧废物将陆续被回收，然后被排泄出去，使全身的营养状态变好，血液畅行到身体的每一个角落，皮肤的状态也能够获得改善，变得光滑细致。

此外，黄色地瓜还富含维生素A、钾以及铁等，可增强人体对疾病的抵抗力，如果感到身体状况不好，或者健康方面有问题的人，不妨多吃一些黄色地瓜。

第四章

吃地瓜改善疾病的实例

案例 1 原因不明的血肿消失，血糖值降低

我在一家银行上班，每天都很忙碌。大约两年前，在一次健康检查中，我被告知脑部长了动脉瘤，当时我十分惊慌。

动脉瘤是指动脉的某个部位出现异常的膨胀，一旦破裂，脑部将会大出血，严重的话有可能死亡。于是，我决定立刻开刀。

为了防止脑动脉出血，那次手术中我的脑内装上了金属钩。所幸手术很成功，几天后我就出院回家了，只是此后每天都要做康复护理。我以为就此没事了，可万万没想到，没过多久，我又被查出患上了慢性硬膜下血肿（发生于硬脑膜下腔的血肿），同年 10 月我再次开刀，幸运的是月底就出院了。

可是自始至终我的头部都没有受到过重击，所以我不知道自己患病的真正原因是什么。对此，医生也没有肯定的答案。不久，我脑内的硬膜下血肿又再度发生，还好那次的出血量比较少，所以并不需要再次开刀，医生也表示可以看看情形再说。然而，我还是感到忐忑不安，因为脑血管的病变一再发生的话，那就等于是抱着一颗不知何时会爆炸的炸弹。

生病期间，一次偶然的机会，我在书店看到一本国外的杂志，上面有一篇报道说黄色地瓜对治疗出血性病症非常有效。我因为担心脑部血肿再发，就抱着试一试的想法按照杂志上说的去施行。我早晚各吃一个烤地瓜，每次都加入少许黑醋，搅拌成泥状后在饭前吃下，我也不知道这个方法是否有效，反正我的状况确实改善了很多。

两三个月后，我再次去接受脑部检查时，医生很惊讶地对我说："您的血肿变小了！"我感到又惊又喜。因为我并没有服用治血肿的药物，所以我相信这一定是吃地瓜的结果，于是我再接再厉地吃下去。又过了一个月，我的血肿全部消失了，当时我的心情别提有多激动了。此后，在连续几次的检查中，我的脑部都没有再发现血肿。

事实上，以我的亲身经历来看，吃地瓜的好处远不止如此。持续吃地瓜以前，我的血糖值总是在140mg/dl上下浮动，现在已经下降到100mg/dl左右了，也不必再服用降血糖的药物了。

案例2 减轻了白血病药物的强烈副作用

4年前，在参加公司例行的健康检查时，我被医生诊断出白细胞出现异常。以健康的人来说，白细胞的正常值是1立方毫米中有4000～8000个，而我的白细胞的数目竟然超过了9万个，难怪我很容易就感到疲倦，甚至在健康检查的前几天，我连爬车站的楼梯都感觉两腿悬空，差点儿倒了下去。

健康检查结束一星期后，我因为感到非常害怕，又悄悄到大医院彻底检查了一次，结果白细胞的数量增加到12万之多，我只好住院治疗了。我被诊断为患有“慢性骨髓性白血病”，也就是染色体有了异常，在骨髓内制造血液的细胞无法正常发挥功能，白细胞因此不断增加。

在治疗方面，医生决定先给我注射抗癌剂以抑制白细胞增加，等白细胞减少到某个程度后，再给我注射干扰素（能够抑制病毒繁殖的物质）。10月初住院的我，在注射抗癌剂后，等待着白细胞减少到一定程度，再于11月初接受干扰素的治疗。

不管是使用抗癌剂还是干扰素，病人都会出现发热、全身倦怠、食欲不振、头痛、脱发等副作用。我之前就知道这种治疗方法的副作用很严重，已有心理准备。为了减轻副作用，我还试着服用了不少保健食品。

我住院一个月后，有位朋友来看我，当时他刚从国外回来，给我带了一罐用白地瓜制成的保健食

品。对于白地瓜能够治病强身的事情，我早就听人说过，于是决定服用它。它的味道和烤地瓜很像，只是做成药丸的形状。我每天早饭和晚饭前各服用10粒，每天共服用20粒。

说来也奇怪，服用了这种保健食品后，原有的副作用竟消失殆尽，这一点儿令我很意外。还记得刚注射干扰素的那段时间，我曾发烧到39°以上，感觉很痛苦。我原本每隔一天注射一次，不久改为每天都要注射。很可能是由于我开始服用地瓜丸的缘故，虽然打针的频度增加，但是我始终只是稍微有点儿发烧而已。

经过3个月的住院治疗，我终于出院了，并且又再度回到原来的工作岗位，改成每隔几天到医院注射一次抗癌剂。那段时间我仍然持续服用地瓜丸，虽然还是会头部沉重，全身倦怠，走一小段路就觉得很累，但医生说比起同样患白血病的人，我的副作用算是比较轻微的。

另外，自从开始注射干扰素后，我的头发就大把大把地脱落，我很担心如此下去头发会全部掉光，还好在服用地瓜丸大约一个月后，头发就不再脱落，而且还长出了新的头发。又过了一个月，因抗癌剂的副作用而卷曲的头发也变直了。

现在，我一星期有 5 天要去医院注射干扰素，抗癌剂则每两天注射一次，白细胞的数目已经稳定在 2500 ~ 3500 之间，而且步行半小时到一小时已不成问题，每星期也可以上两到三天的班。

我能够恢复到现在这种程度，应该和我一边治疗，一边服用地瓜丸有关，它使我治疗的副作用降到最低，不至于感到痛苦。

白地瓜能够使健全的血液与细胞再生，并且含有抑制白血病细胞生长的维生素以及矿物质等微量元素。事实上，患者在治疗白血病的过程中要与药物的副作用搏斗，而白地瓜具有活化肝脏的效果，能够使肝脏的解毒功能增强，因此可以抑制药物的副作用。白血病又称为血癌，为了不使它再次复发，以后我还会继续食用地瓜丸。

案例 3 免除了化疗常见的掉发和呕吐的折磨

大约在 5 年前，我的胃部时常会感觉到疼痛，而且不管是吃过东西还是空着肚子都是如此。我感觉不太对劲，但一直以为只是得了胃炎而已。想不到去医院检查后，医生告诉我说是患了胃癌，如果不开刀，就只剩下 3 个月的生命。于是，我毫不犹豫地立刻接受手术，割掉了胃与十二指肠，就连胰脏、脾脏、胆囊也都不保。

医生说我必须等到体力恢复之后，才能开始做化疗。然而一提起化疗，我就想到掉发和呕吐的问题，还有高烧的折磨。妻子见我忧心忡忡，就叫我吃白地瓜试试看。她说自古以来，白地瓜就被当成药物来使用，因为它能够治疗许多种疾病，于是我开始每天早晚都吃白地瓜。

我的手术很顺利，术后恢复得也非常好，因此1个月后我开始做化疗。那时，我虽然已经吃了一小段时间的白地瓜，但是对使用化疗的方式治疗癌症仍感到不安。想不到在接受化疗后，我的身体状况完全没有转坏，就连头发也完全没有脱落。也因为我的身体状况良好，所以能够以每周一次的频率连续做了五十多次的化疗，连医生也很惊讶。如今我仍在持续治疗中，我对自己很有信心，我一定会康复的。

案例 4 血管性紫斑病大大改善，腹痛消失了

我那16岁的儿子在4年前得了血管性紫斑病（全身血管发炎，皮肤上出现血斑的疾病），这种病很可能会并发肾炎，因此我心急如焚。

血管性紫斑病最容易在幼儿阶段发病，青春期

和成年后发病的例子也有。以我儿子来说，刚开始他的症状有点儿像感冒，老是全身乏力。这种症状持续了 3 个月后，他的关节开始疼痛，脸部、手臂和下半身陆续出现紫斑，看起来像是皮下出血引起的，并且范围慢慢地扩大到身体的各个部位，同时还伴随着强烈的腹痛，时常呕吐，还从肛门排出血液。医生说这是由于肠壁出血的缘故而引起的。由于状况严重，儿子很快就住进了医院。

医生也说不出我儿子得病的原因是什么，也就没有什么针对性的治疗方法，儿子在住院期间只能接受对症疗法，也就是由医生注射类固醇以及镇痛剂。出院后，儿子在两年内反复内出血与腹痛，时常因此无法上学。到了第三年，儿子的身体状况有所好转，但好景不长，等他进入高中后又旧病复发。

那时，医生仍然以注射类固醇与镇痛剂来进行治疗。由于类固醇的副作用，儿子的脸肿胀了起来。

不仅如此，我儿子的尿中也出现了蛋白，我很担心这样下去会演变成肾炎，一旦如此，病上加病那就更难治疗了。爱子心切的我逼迫自己非得想办法阻止肾炎的并发不可。话虽如此，但我并不知道如何着手。

正当我束手无策时，有个朋友向我推荐说：“试试紫地瓜吧！它对治疗血液疾病很有效。”于是我就照朋友的说法去做，每天早晚都把一个紫地瓜洗干净后连皮切成小块放入果汁机里，再加入一些苹果一起打成汁，用纱布过滤后，给儿子饮用。

喝了紫地瓜汁后，儿子腹痛的次数越来越少，不过只要稍一停喝，紫斑病就又会复发，所以我认为这一定是紫地瓜在发挥效果。喝了1年的紫地瓜汁以后，儿子不需要再使用类固醇了。如今，我儿子每隔两三个月到医院检查一次，但始终没有再出现蛋白尿的现象。

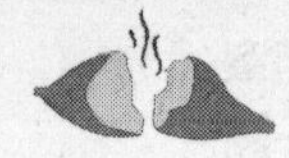

案例5 肝功能大好，酒后不再头昏脑涨

我特别喜欢喝酒。对于吃的方面我还可以节制，唯独喝酒令我欲罢不能，而且我每次都要喝到不醉不归。没有酒的日子对我来说实在是太悲惨了！

我宁可不吃饭，也不能不喝酒。尤其是晚饭，即使是在家吃，我也要喝上几杯，也就是说，1 年 365 天里，我从来没有 1 天断过酒，而且我特别偏爱酒精浓度高的那种酒。为此，我老婆不止一次地威胁要跟我离婚。

年轻时这样狂喝我还挺得住，但年过 40 后再这样喝我就经常会头昏脑涨，走起路来有一种两脚不着地的感觉，尤其是第二天早上醒来以后更是会感到头痛欲裂，全身乏力，几乎无法去上班。

我到医院检查后得知，我的肝功能已大幅度衰退，医生劝我立刻戒酒，否则性命不保。但酒就是我的命啊，戒酒会要了我的命的。话虽然是这么说，不过我也不能完全不顾性命，于是以后每次就少喝一点儿，但头痛的状况并没有减轻。

就在那时，有一位绰号叫“酒仙”的老人家告诉我吃紫地瓜可以改善酒后头痛的状况。我当时根本不知道地瓜还有紫色的。老人家说，紫地瓜的特征是它的肉呈现紫色，能够有效地提高肝功能。

听到老人家如此说，我就到市场上买了一堆紫地瓜，早晚各吃一个。晚上的那个我就在喝酒时吃。仅仅 5 天后，我喝酒后的不舒服感就减轻了，连以前动辄就拉肚子的现象也有了改善。如此继续吃了 1 个月后，喝酒后的第二天我也不再感到头昏脑涨，倦怠感也消失了。

在这 1 年之内，我的 GPT 由 44μ/1 降低到 21μ/1（正常值为 4 ～ 43μ/1），而 GOT 也由 35μ/1 下降到 25μ/1（正常值为 8 ～ 38μ/1）。

到了这种境地，我可以放心地喝一些酒，而不必再承受戒酒所带来的痛苦了。

案例6 大幅改善夜盲症，视力也增强

我父母都戴着眼镜，当我问他们为什么都戴眼镜时，他们异口同声地说："在我们那个年代，放学后还要在光线不足的教室里继续补习功课，所以搞坏了眼睛……"

可能是受到父母的遗传吧，我的视力一向不好，不过近视也不深，高中毕业时，我眼镜的度数大约是200°左右。以这种度数来说，即使不戴眼镜，我在日常生活中看东西时也不会有太大障碍，但如果是看电影、电视或等公共汽车，我就得戴上眼镜。

我最大的困扰是，一到夜晚我的视力就会变得很差，只要身处稍微黑暗一些的地方，我就会完全看不清楚周围的情况，时常因此而跌伤，尤其是黑

暗的楼梯更是让我感到害怕。奶奶说我患了“鸡仔目”症，就如同鸡一般，一到夜晚就看不见东西。妈妈则说我很可能缺乏维生素A，于是买了大量的鱼肝油给我服用。而我为了拥有不怕黑的眼睛，只好勉强吃我最讨厌吃的胡萝卜。

即使做了种种补救措施，我的眼睛依然还是怕黑，完全没有改善的迹象。我感到十分沮丧，以为一辈子都摆脱不了“鸡仔目”的纠缠了。那时，我经常到书店看免费的书，有一天，我在一本外文杂志上看到这样一则新闻，说是紫地瓜所含有的丰富花色甙对增强视力有很大的帮助。这种所谓“花色甙”的物质能够消除血液中的自由基，使眼睛周围的微血管变得强健，使血流通畅。

我不知道紫地瓜是什么东西，只好向卖地瓜的一位老伯请教。老伯告诉我说：“紫地瓜啊！瞧，那儿不是有一大堆吗？”老伯所指的那一堆地瓜并没有什么特别之处，跟一般的地瓜没什么两样，但是把它切开来看，就会发现里面的肉竟然是如假包

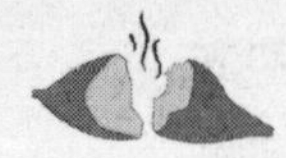

换的紫色！

买回了一袋紫地瓜后，我思考着应该如何吃它们。我想为了充分吸收紫地瓜所含有的花色甙，那么就利用果汁机把它们打成汁以后，早晚各喝一杯好了。我把紫地瓜削掉外皮，切成小块后放入果汁机，加一杯凉白开打成汁，饮用前再加一些蜂蜜调味。

每天都喝这种紫地瓜汁，也会感到厌烦，所以有时我也会把紫地瓜烤着吃。大约吃了四十天左右，夜晚进入不开灯的厨房时，我不再像以前那样感到漆黑一片，而是可以看到放置于橱窗里的瓶瓶罐罐，很轻易就可以拿到自己想要的东西。从前，我必须打开灯才能做到。又过了一个月，我进入黑暗的环境中后，眼睛已能很快地适应了，黑黑的楼梯也不再对我构成威胁，我已经能够快速地爬上爬下，再也不会跌伤。

如今，虽然我的近视依然如故，但是夜盲症则完全消失了。

案例 7 改善了前列腺肥大，胃溃疡不治而愈

50 岁以后，我的排尿就变得很不顺畅，有时站立很久仍然无法排尿，有时却又频频想排尿。但是在排尿后，又有一种尿没有排干净的残尿感，非常不舒服。不久后，我变得吃不下东西，就算只吃少量的食物，腹部也会有膨胀感，短短两个月，我的体重就由 60 公斤掉到 52 公斤。

有一天，我的胃突然疼得很厉害，实在受不了了，我只好去医院接受检查，结果医生说我患了很严重的胃溃疡，还说我有前列腺肥大的毛病。听了医生的话，我久久说不出话来，想不到，我竟然同时患了两种疾病。值得庆幸的是，我还不到非开刀不可的地步，只要服药治疗即可。

那段时间，我的体重持续减轻，对于身高 172

厘米的我来说，52公斤的体重已经太轻了，没想到后来又轻了两公斤。我一点儿胃口也没有，对任何东西都提不起食欲，但因为不想再继续瘦下去，只好勉强自己多少吃点儿东西，而且长期不好好吃东西，会浑身没有力气，无法正常作息。

我每天上班都会路过一个公园，里面有许多老头儿、老太太在锻炼身体。其中有一位是我以前的邻居，他看到我一副瘦弱又无精打采的模样，问明了原因，就立刻建议我吃野生地瓜。

吃了野生地瓜以后，我第一个感觉是消化不良的状况改善很多。以前我动不动就会拉肚子，腹部也时常感到闷痛，吃了两星期的野生地瓜后，我拉肚子的次数明显减少了，腹部的疼痛也缓和了许多。而且幸运的是，我家附近就有一些人种植野生地瓜（把山野间的野生地瓜移到平地上种植），所以我不愁野生地瓜的来源。

我每天把大约50克的野生地瓜切成小块后加水打成汁，而且我是连渣一起喝掉，有时实在咽不下去，就加些苹果醋，除此之外，不加任何调味品。我不仅在晚饭时吃野生地瓜，遇到肚子空的时候也不忘吃一些。

大约一个月后，我由胃溃疡所引起的疼痛已经降到最低，同时在排尿方面也感到非常舒畅。以前，我每次排尿时都有尿没有排空的残尿感，而且夜晚必须起来三四次，真是苦不堪言，现在不但胃部已经不再疼痛，夜间只要起床排一次尿就可以了。因为睡眠变充足，食欲也就逐渐恢复，我的体重又恢复到原来的 60 公斤，体力也增强不少。

案例 8 中性脂肪降低，尿频获得改善

我母亲是糖尿病患者，后半辈子都在服用降低血糖的药物，不敢吃甜的食物，而且体力很是衰弱，可说是受尽了糖尿病的折磨。

我可能是受母亲的遗传，从5年前开始，每年参加健康检查时，医生都说我的血糖值过高。听到医生连续好几年都如此说，我只好把饮酒量降到最低，同时也限制每天所摄取的卡路里量。想不到这样一年下来，我的情况并没有丝毫改善，想想自己那么辛苦地节食，感觉真是不值得。

最糟的时候，我的血糖值升高到230mg/dl（正常值为70～110mg/dl），中性脂肪值升高到225mg/dl（正常值为30～150mg/dl），胆固醇值也升高到250mg/dl（正常值为130～220mg/dl）。

我开始感到恐慌，不知道应该怎么办才好。我到处向人请教，其中有一个人劝我吃野生地瓜，说是野生地瓜对降低中性脂肪值与血糖值很有帮助，于是我立刻买了一堆野生地瓜试试。我早晚各吃一次野生地瓜泥，方法是把大约200克的野生地瓜洗干净，切成小块，再放入果汁机里打成泥状，最后加入一些凉白开以及蜂蜜。

可能是由于血糖值过高的缘故，我时常有尿频的现象，每隔一个半小时就要排尿一次。到了夜晚更糟，一夜总要起床排尿三四次。因为我一心一意想使血糖值下降，因此早晚都会食用野生地瓜泥。最初的一个月，血糖值并没有任何下降的迹象，我感到有些灰心，但是仍旧坚持食用野生地瓜泥。没想到到了第三个月，我再也不会动辄就感到身体疲倦，口渴的现象也跟着减轻，同时脸色也变红润了。更令我惊喜的是，我尿频的症状也大幅度减轻，白天只排尿四五次，夜晚最多排一到两次，有时甚至整夜都不必起床呢！去医院检查后，我才知道我的中性脂肪值已经降低到80mg/dl，胆固醇值降低为190mg/dl，就连血糖值也降低到130mg/dl。

我相信只要持续食用野生地瓜泥，我的中性脂肪值、胆固醇值、血糖值肯定能降到正常水平。据我所知，高血糖的状态持续下去的话，血球中的血红蛋白就会与葡萄糖结合，从而产生糖化血红蛋白。血糖测试结果反映的是即刻的血糖水平，而糖化血红蛋白测试通常可以反映患者近8～12周的血糖

控制情况，所以糖化血红蛋白一直被当成衡量血糖控制水平的重要指标。比起血糖指数，糖化血红蛋白的下降更能明确证实糖尿病获得改善。

人们吃下去的过多的糖，会在体内转变成中性脂肪，如果多吃能够抑制身体吸收糖类的野生地瓜，就能够降低胆固醇等脂类物质。

案例 9 减轻风湿病，心情变愉快

15 年了，我一直被风湿病折磨着。在这段时间里，我一边到医院接受治疗，一边不停地吃民间偏方和各种据说对治疗风湿病有利的保健食品，但一点儿效果也没有。5 年前，我的风湿病开始恶化，不仅浑身疼痛加剧，两个膝盖也积了水，接着手、脚和颈部的关节也疼了起来。

严重的关节疼痛，使我四肢僵硬，全身几乎无法动弹，医生让我每天服用 6 片类固醇制剂。后来我的关节消肿了一些，但是疼痛并没有减轻。每天我都扭曲着脸，拖着一双沉重的脚过日子。那时，我常挂在嘴边的一句话是“只要能够消除关节的疼痛，就算倾家荡产，我也在所不惜……”儿子听了这话还以为我疯掉了呢!

不久后，由于类固醇制剂使我的关节痛缓和了一些，我便改为 1 天服用 3 片类固醇制剂。后来，有一天我到中药店去帮儿子买能够促进骨骼发育的中药，顺便和老中医聊起了我的病症，他告诉我野生地瓜对治疗风湿病有帮助，而且很多人试过后都说很有效……

我仿佛找到了救命仙丹，一回到家就把老中医的说法告诉了老公。多年来老公看我吃了很多苦，也一直于心不忍，听到野生地瓜可以治疗风湿病，于是到处向人打听哪里可以买到野生地瓜，最后终于排除万难帮我买到了。我早晚各把一个野生地瓜烤熟后，剥掉外皮，把地瓜肉捣碎，再加入一小勺黑醋，搅拌均匀后食用。

很无奈的是，我吃了一个月的烤野生地瓜，但是没有任何的反应。我感到很失望，以为这一招儿又不管用了。我回去问老中医这是怎么回事，他告诉我要有耐性，每个人见效的快慢都不一样。于是我又继续吃，但心中并不抱太大的希望。不料两个半月后，我身体的状况真的变得越来越好。在这之前我持续服用类固醇制剂，关节虽有消肿，但疼痛依旧，如今吃烤野生地瓜才两三个月，关节的疼痛竟然减轻不少。现在我不管是站着还是坐着都不觉得疲倦，甚至走一个多小时的路，仍感到很轻松。

我又到医院接受检查时，主治医生对我说："你的风湿病转好很多，用不了多久就不必服药了。"我对医生提起吃野生地瓜的事，他好像不太相信，只是说吃地瓜对人体没有坏处。另外，风湿病人在使用类固醇制剂后，几乎都会出现贫血的状况，我也不例外，因此之前一直都在服用造血剂，一想到以后连造血剂也不必服用了，心里就格外高兴。

事实上，我除了风湿病，还有慢性支气管炎的毛病，一早一晚都会咳个不停，奇妙的是，风湿病转好后，我也不再咳嗽了。往年每到夏天，我就毛病不断，常跑医院，吃药、打针，甚至输液，脾气也很暴躁。今年，我的身体状况有了明显改善，心情也跟着愉快起来，老公和儿子都说我变温柔了。我现在做起家务活来带劲多了，还有剩余的体力可以去逛街血拼呢！

案例10 治好胃溃疡，痔疮不再出血

5年前，在一次健康检查时，我得知自己患了胃溃疡和十二指肠溃疡。那时，我除了偶尔会胃痛之外，并没有什么其他不适的症状，况且我听说工作压力大就很容易胃痛，很多同事也都有相同的情形，所以我并没把这当成一回事。

我所在的公司是家科技公司，职员以男性居

多，而且大部分都是未婚的年轻人，下了班就经常相约去喝酒，因此我以为是喝酒造成胃溃疡和十二指肠溃疡。后来，我的病情更严重了，每隔3天就要打一次针，并且还要服用药物。我问其他一起喝酒的同事是否也有相同的病症，只有一位同事的回答是肯定的，但是他并没有像我这样需要打针吃药。在我的追问下,他才告诉我说有人教他吃地瓜，因为他认为没有什么科学根据，而且文化人还信这一套，觉得很不好意思，但既然我问了，告诉我也无妨。他说野生地瓜有许多好处，尤其是有良好的止血效果。

我乡下老家刚好有块空地，我妈妈为了我的身体，竟然不辞劳苦种起了野生地瓜，还亲自给我送过来。她采取无农药的种植方式，并且只使用很少的肥料。到了春天，野生地瓜的茎叶长得很茂盛，尤其是叶子又大又绿，因此我除了喝地瓜汁也吃地瓜叶。地瓜叶很好吃，一点儿草腥味或土味也没有，用开水烫一下，蘸酱油吃，味道非常鲜美。有时候我也会把地瓜叶放入味噌汤内，更添风味。

一年后，又到了健康检查的时间，正如我所预料的，我的溃疡消失了！此前，我还患有痔疮，而且出过血。因为我很不喜欢上医院，所以并没有动手术或吃药，只是一直在忍受着疼痛。我想得痔疮的原因可能跟我长时间坐着有关，想不到在吃野生地瓜一年多以后，痔疮也消失了，直到现在，我也不曾有过疼痛与出血。另外，我就算喝了酒也不会有宿醉的现象。

后来我去找了更多野生地瓜的资料来看，发现它还可以提高人体的自愈力，使肾功能、肝功能变好。说起来或许有不少人会感到意外，那就是人们每到肝功能衰弱时就很容易发生痔疮。

吃地瓜不是什么偏方，而是我经过亲身体验，保证千真万确有好处的。

案例 11 结缔组织病减轻，免除开刀

3年前我才和白地瓜结缘，但是我整整被结缔组织病折磨长达30年之久。25岁那年，有一天我突然高烧到40°，两手僵硬，又肿又疼。到医院检查后，医生说我患了风湿病。后来更进一步检查后，我被确诊为得了结缔组织病。

结缔组织病的初期症状与风湿病很像，风湿病的特征是关节会感到疼痛，身体的外表有所变化，结缔组织病患者则在肺部、肾脏等器官产生异变，外表并不会有明显的变化。对于这两种疾病，医生都采用“类固醇疗法”，我当然也不例外。

不久以后，我不知道是不是类固醇的副作用，或是结缔组织病本身使然，27岁时我的股关节产生了病变，两腿疼痛，终于无法走路。经过检查，医

生说我的大腿骨有问题，而且症状急速恶化，最后只好以轮椅代步。这是我结婚后一年就发生的事情。

医生劝我接受手术，但我很怕开刀，想凭自己的力量治愈这种疾病。那时，只要是在经济能力允许的范围之内，听到人家说吃什么东西有效，我就会买来吃。到了35岁，我渐渐可以拄着拐杖行走。第二年，我又脱离了拐杖。虽然行动还不是很利落，但是可以单凭着自己的一双脚就能行走，还是令我开心不已。

当时，我只能一小步一小步地挪动，而且每走10分钟就要停下来休息一下喘口气。我仍然需要服用类固醇，虽然它的副作用实在太多，好几次都想停药，但是为了逃避开刀，我还是强迫自己接受。而且我发现，一停药我就开始发热，内脏功能也会减弱。

从6年前开始，我接受了针灸治疗，疼痛的情况稍有改善，但结缔组织病带来的咽喉肿痛、发痒等症状还是不能避免。在那时，我长期订阅的健康

杂志上登出了一篇文章，说是白地瓜能够治疗或改善各种疾病。我并非百分之百地相信，不过仍然去购买了一堆白地瓜。

对于那些白地瓜，我采取了很多种吃法，例如连皮带肉烤熟吃，煮成地瓜汤，有时也利用果汁机把切成小块的白地瓜打成汁（必须加入一杯凉白开）。通常我并不在白地瓜汤里加糖，只加少许的姜片和盐，趁热喝下去。

以各种方式吃了大约一个月的白地瓜后，我的身体状况有了很大改变，之前我几乎每天都拉肚子，后来变成两天一次，三天一次，直至一个星期一次……

我的体质属于寒性体质，手脚终年冰冷，夏天也不敢吃太凉的食物，到了冬天几乎每天都在流鼻涕，苦不堪言。如今，我的手脚开始感到温暖，夏天变得喜欢吃凉拌的食物，冬天也很少再流鼻涕，不怕风寒，很少感冒。

现在，我已经能够凭自己的一双脚走相当远的路。不过我毕竟患过大病，所以在日常生活方面不敢掉以轻心，仍然坚持在吃白地瓜。

案例12 不再受腰痛折磨，头皮屑没有了

从两年前开始，我就对健康类书籍很感兴趣，并且召集了二十几位好友组成读书会，相互交换健康信息，我也是在这个组织中得知白地瓜可以治愈或改善某些疾病。

其实55岁的我虽然已进入更年期，但还算健康，不曾患过什么大病，但近几年来出现了便秘和腰酸背痛的毛病。我心想或许是年龄大了，免不了这里痛那里痛，所以也就不以为意。便秘的状况则是常常两三天不上大号，腹部有一种压迫感，很不舒服。

我以前就知道多吃地瓜可以帮助排便，但没听说过还可以治疗腰酸背痛。所以刚开始吃白地瓜时，

我只单纯是为了解除便秘的痛苦，并没有期望腰背会好起来，但说来也奇怪，这两种困扰我许久的毛病，竟然同时消除了。

我吃白地瓜的方法不限于煮或烤，我喜欢把白地瓜切成细丝，用醋水浸泡 5 分钟后捞起来，加上蛋黄酱，当成沙拉吃。

我老公的血压本来就比较高（160/95mmHg），常听他说头痛，于是我建议他也和我一起吃白地瓜沙拉，大概经过两个月左右，他的血压就恢复正常了。

我女儿老是说头皮屑多，头皮时常发痒，虽然每天都洗头，但好像总是洗不干净似的。她也是连续吃了白地瓜之后，头皮屑逐渐消失，再也不嚷嚷头皮痒了。

此外，我个人除了摆脱了腰痛的折磨，胃肠机能也变好很多，也因为不再便秘，身体感到很轻快。于是我兴起了自己种白地瓜的念头。我在自家旁边的空地里种了大约二十株白地瓜幼苗，想不到它们全部都成活了，没多久就长出一大片绿色的叶子，生机盎然。

我也时常摘一些地瓜叶，洗净后放入滚水里烫熟，蘸酱油吃，或是将洗干净的地瓜叶放在太阳下晒干，再研成粉末，加入一些胡椒粉、精盐、柴鱼末，撒在米饭上当调味的作料。

很多人都说白地瓜很不易种植，但是以我的亲身经验来看，大约四个月就可以收获了。我每天早晚都把大约500克的白地瓜去掉外皮之后切成小块，用果汁机打成汁（必须同时加一大杯凉白开），再用纱布把渣滤掉。我们一家四口，包括我那健壮如牛的儿子，每天早晚都喝地瓜汁。

后来我种白地瓜种出了兴趣，越种越多，自己吃不完，就送给左邻右舍或亲朋好友。其中有一位中年妇女曾因脑血栓开刀，手脚变得不灵活，吃了一段时间的白地瓜，情况也渐渐好转。一位年轻的女孩本来有生理痛的毛病，也减轻了。还有一位老太太，把地瓜藤切成小段后晒干，塞入布袋做成枕头，据说有安眠的效果。

案例13 牙龈不再出血，下体不再发痒

9年前，当时36岁的我收到了表妹送我的一份生日礼物，令我有点儿意外。原来表妹参加了一本女性杂志的有奖问答，被抽中后获赠两盒保健食品。表妹知道我一向热衷于吃保健食品，就将它转送给我。那是以白地瓜为原料制成的干燥粉末，可以用热水泡来喝。

我一直有牙龈出血的毛病，看过医生吃过药，也吃过许多声称有效的保健食品，但都没有什么改观。虽然我曾听人说过白地瓜有止血作用，但是我想地瓜这么便宜的东西，应该不会有太大的效果吧。但说来也奇怪，第二盒还没吃完，我的牙龈就不再出血了，但我想说不定是巧合吧！

我还有一个隐疾，就是私处常会干痒，尤其每次生理期刚结束时更是特别严重。我也看过医生，吃药加每天用药水清洗私处，我都做到了，但是只要一停用，不久又会再犯。况且我很不喜欢去看妇科，虽然已结婚生子，但还是会感觉尴尬。没想到，吃了由白地瓜制成的保健食品，不知是不是心理作用，反正那个地方感觉不那么干痒了。

我把那两盒地瓜粉吃完后，本想再买来吃，一问之下，价格竟然比我想象中贵很多。由于地瓜本身非常便宜，让我觉得厂商以它为原料，冠上“保健食品”的“美名”后就哄抬价钱，真令人不甘心。我想不如吃真正的白地瓜，价格便宜又不含人工添加剂，一举两得。

我一次买10斤左右，因为担心放着会长出芽来，我都是把它们全部洗干净后晾干，每两三个用一张报纸包好，放在冰箱里，每天拿出一份来吃。

吃的方式有很多，最简单的是干烤，但夏天这样吃感觉好像会上火，我就改成用蒸或煮的方式（带皮)，如果吃久了觉得没味道，我也会把白地瓜磨成泥或打成汁，加上蜂蜜，要不然就去皮后切成小块，放入锅内加水一起蒸，熟了以后，拌一勺的姜汁红糖……都非常美味。总之，我们可以想各种吃的方式，这样才不会因为吃腻了而中断。

老公看我每次都吃得津津有味，也忍不住加入了我的阵营，也不知是不是地瓜发生了效用，他不再需要借用药物来排便，颈部的肿胀感也消失了，整个人变得神清气爽。

没想到，因机缘巧合得到两盒地瓜粉，到后来自己用生地瓜取而代之，竟然治好了困扰我和老公许久的毛病。

案例14 肛门不再出血，肝脏也变好

我老公年轻时就患了严重的痔疮，还到医院开

过刀，原以为这样可以一劳永逸，没想到两年前又复发，一上大号就会流出许多血，身体因此变得很虚弱，体重也减轻不少。医生建议再开刀，但我老公已经62岁了，不想再做手术，虽然割痔疮只是个小手术。

那时，我刚好在参加小区开设的有关中医药膳的课程，但讲的大部分是养生方面的内容，比如教人如何依季节进补，如何按摩或泡脚之类的。后来我向老师询问我老公的状况，刚开始他建议我把姜黄的根部晒干，再磨成粉末，叫我老公每天早饭后服用一小勺，但没有什么效果。于是老师又要我老公试用第二个方法，就是吃白地瓜。

我心里想，凭白地瓜这貌不起眼的东西，就可以治好这么难缠的病吗？我和老公就在半信半疑之中展开了“地瓜大作战”。我老公很喜欢美食，要他天天吃白地瓜简直比登天还难，但为了那一线希望，他也就硬着头皮接受了。所幸我们的心血并没有白费，老公大便出血的状况果真没那么严重了。

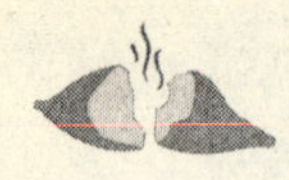

状况好一点儿之后，老公就不想再继续吃了，停了一阵子，但也没有多久，他的痔疮又严重了起来，于是我又让他恢复吃白地瓜，只是原本一天吃两次，现在改成一天吃一次。持续了半年以后，老公再大便时就几乎很少出血了。

之前，老公因为喜欢喝酒，肝功能不太好，而且关节和颈部也会酸痛，每次去医院看病，医生都叮咛他要戒除不良嗜好，上了年纪要好好保养身体，建议他少喝酒，多吃蔬果，少吃肉，要吃也要吃白肉而不是红肉，菜肴也要尽量少油、少盐……最后，医生提到可以多吃地瓜，因为地瓜营养丰富，含的纤维质也高，对身体很好，青春期的孩子吃了甚至可以减少青春痘……

老公回来后兴奋地告诉我说，没想到西医也推崇地瓜的好处，让他对地瓜治病的说法更有信心了。此后老公不再排斥地瓜，甚至逢人便劝大家一起吃地瓜。回想从最初他勉强把地瓜当药来吃，到现在，他已经爱上地瓜，把地瓜当成每天不可或缺的食物了，真是不容易啊。

案例15 子宫瘤由大变小，膝盖不痛了

算一算，我也快到更年期了，每次生理期出血量都特别多，多到即使白天用夜晚安睡型的卫生巾，还是会溢漏，这实在是困扰我的一个难题。此外，我还伴随着心悸和气喘的症状。

据我所知，女人接近更年期，荷尔蒙的分泌就会变得不稳定，经血会增加，所以我对自己的状况并未大经小怪。直到有一天我躺下来休息时，摸到腹部仿佛有个硬硬的东西。我连续几天用手按摩了许久，但硬块还是没有消除，我开始有一点儿担心。想去医院检查一下，又怕检查的结果犹如晴天霹雳。

我拖了三个多月，一边希望哪天一觉醒来，硬

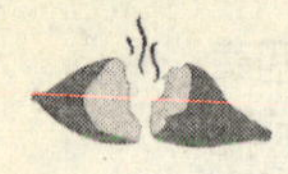

块自动消失了，一边又想万一是癌症，如果错过了治疗的黄金期，将来会更痛苦，况且我儿媳妇已经有孕在身，我还等着抱孙子呢！于是我鼓起勇气，找了一位很要好的女性朋友陪我一起去医院彻底检查。

经过了度日如年的等待，谢天谢地，我只是良性的子宫瘤，但直径也达到了8厘米之大，而我之所以生理期出血量大也正是这个原因，还有我动辄便秘，这很可能与子宫瘤压迫肠道有关。

既然瘤子已经这么大了，我估计我免不了要挨上一刀了，但是医生却说："等你停经以后，子宫瘤可能会变小也说不定……"可以暂时逃过一劫，真令我喜出望外，但我的贫血和便秘却越来越严重，更年期前期的征兆也一一出现。对此，我请教了已进入更年期的大嫂，她让我吃白地瓜看看，因为她也是这样改善更年期症状的。

我是吃了3个月才开始觉得有效的，中途一度很想放弃，经过大嫂"保证有效"的劝说，我才坚